반려동물 스타일리스트라면 알아야 할

실전 기초 수의학

지은이 차 현 만 (거제 현대동물병원 원장)

Youpetbooks
유펫북스

감사의 글

우리나라에 애견인들이 본격적으로 생기기 시작한지는 1990년 전후로 생각이 됩니다. 요즘 우리나라도 핵가족화와 딩크족, 노령인구들이 증가함에 따라 애견, 애묘인구가 많이 늘고 있습니다. 최근은 코로나19로 인해 집에 머무는 시간이 늘면서 반려동물에 대한 관심과 애정도 더 증가하는 느낌입니다.

 반려동물과 함께하는 시간이 증가하는 요즘에 이 책이 반려동물의 질병과 미용과 관련된 수의학에 대해 궁금해 하시는 분들에게 도움이 되었으면 하는 바램입니다. 제가 20년동안 반려동물 진료를 하면서 경험했던 많은 자료들을 모아서 처음에 책을 내려고 생각했을 때 막막했는데 이 책이 나올때까지 바쁘신 가운데서도 묵묵하게 편집을 도와주신 김충일 작가님과 책의 출판을 비롯한 여러 가지 조언을 해주신 유병환 애견미용학원 원장님께도 감사의 말씀을 드립니다.

반려동물 스타일리스트라면 알아야 할 실전 기초 수의학

지은이　차현만(거제 현대동물병원 원장)

발행일　2021년 1월 31일

펴낸곳　유펫북스

주소　경기도 파주시 광탄면 소라울 2길 60-44

전화　031-947-8257

홈페이지　www.you-pet.com

등록번호　제406-2020-000120호

인쇄출력　(주)영프로세스 프린팅

표지, 편집 디자인　김충일

값 18,000원

ISBN 979-11-972018-1-3

책을 펴내며...

지은이 차 현 만
1999년 전북대학교 수의과대학 졸업 및 수의사 면허 취득 / 2002년 해군 수의장교 전역 / 2003년에 동물병원을 개원하여 현재까지 반려동물을 진료해오고 있음. 새, 토끼, 햄스터 같은 특수 동물 진료도 같이 함 / TV동물농장, 주주클럽, 세상에 이런일이, 동행등 TV에 다수 출연 / 현재 경남 거제에서 현대동물병원 운영중 /

20년 가까이 반려동물 임상을 하면서 반려동물에 대한 사회적인 인식과 애착이 많이 변화하였음을 느낍니다. 더불어 반려동물을 치료하는 임상기술도 많이 발전하였고 반려동물 미용 또한 많은 발전이 있었던 것 같습니다.

반려동물 미용은 로컬 동물병원과 밀접한 관계가 있어서 많은 동물병원 안에 미용실이 자리잡고 있습니다. 그래서 로컬 수의사인 저 또한 반려동물 스타일리스트들의 고충과 애환을 직간접적으로 느껴왔습니다. 특히 반려동물 스타일리스트는 말로 표현하지 못하는 동물들을 다루는 섬세하고 집중력을 필요로 하는 직업으로서 반려동물들의 미용에 대한 지식뿐만 아니라 건강에 대한 지식이 꼭 필요함을 절감하였습니다. 또한 최근 환경변화로 늘어나고 있는 인수공통질병들로 인해 동물과 사람이 함께 고통받고 있습니다.

하지만 반려동물 스타일리스트들이 방대한 수의학을 공부하기에는 여러 여건들로 어려움이 많았고 제대로 된 정보도 얻기가 어려웠습니다. 그래서 저는 오랜기간 반려동물 병원안에 미용실을 운영하면서 얻은 경험을 토대로 반려동물 스타일리스트분들에게 꼭 필요한 실전 기초 수의학을 책으로 내게 되었습니다.

이 책을 통해서 반려동물 스타일리스트분들이 반려동물을 좀 더 잘 이해하고 더 잘 다루며 본의 아니게 겪는 고충과 인수공통질병들로부터 좀더 자유로워지기를 바랍니다. 이와 함께 반려동물들도 함께 건강하고 행복하길 기원합니다. 감사합니다.

지은이 차 현 만 (거제 현대동물병원 원장)
코로나가 빨리 종식되길 고대하며...

반려동물 스타일리스트라면 알아야할 실전 기초 수의학

차 례

1장.
반려동물의 주요 인수공통질병

※ 인수공통질병(Zoonosis)이란? 사람과 동물이 함께 감염될수 있는 전염성질환을 말한다.

1. 톡소플라스마 감염증(Toxoplasmosis)

2. 묘소병(Bartonellosis, Cat-Scratch Disease)

3. 보드텔라 감염증(Bordetellosis)

4. 진드기 매개 질병(Tick-Born Disease)

　1) 아나플라스마증(Anaplasmosis)

　2) 에를리키아감염증(Ehrlichiosis)

　3) 라임병(Lyme Disease)

　4) 중증 열성 혈소판감소 증후군

　　(Severe Fever with Thrombocytopenia Syndrome , SFTS)

5. 렙토스피라증(Leptospirosis)

6. 피부사상균증(Dermatophytosis)

7. 광견병(Rabies)

8. 회충증(Ascariasis)

9. 개 브루셀라(Canine Brucellosis)

1. 톡소플라스마 감염증(Toxoplasmosis)

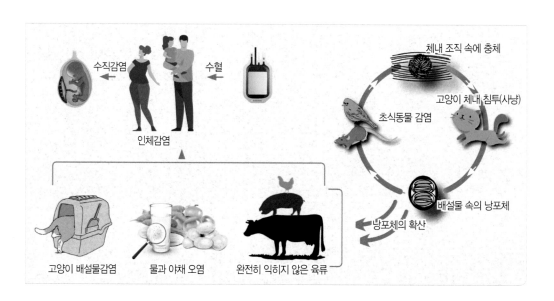

톡소플라스마 곤디(Toxoplasma gondii)라는 원충이 일으키는 질환. 종숙주인 고양이가 설치류같은 중간숙주의 체내의 균체를 섭취해서 감염이 된다. 감염된 고양이는 일생에 한번 1~3주 동안 많은 양의 낭포체를 분변으로 배출한다. 이 낭포체는 산소에 노출되어 1~3일 후에 포자화되기 전에는 숙주에 감염되지 않는다. 감염된 고양이중 일부는 폐사할수 있지만 대부분은 회복되어 면역이 형성된다. 개는 고양이의 분변, 생고기등을 먹고 감염되며 질병을 기계적으로 전파할수 있다. 이환되는 장기는 폐, 눈, 간이다. 고양이에서 증상은 식욕부진, 무기력, 폐렴, 황달, 근육통, 췌장염, 신경증상, 포도막염, 전방 출혈, 안구염증등이 있다. 사람은 고양이가 배출한 포자화된 낭포체를 섭취했을 때 감염이 될수 있다. 그러나 덜 익은 돼지고기가 가장 대표적인 인체 감염원이다. 낭포체는 70도씨에서 10분이상 노출되면 사멸한다. 톡소플라스마는 면역이 업압된 환자에서는 아주 심각한 질환을 유발할 수 있다. 임산부는 감염시 유산이 될수 있으므로 고양이의 배설물, 고양이 화장실 모래, 흙, 생고기의 접촉을 피해야 한다. 낭포체는 포자화되기 전까지 감염성이 없으며 포자화 되는데 24시간이 소요되기 때문에, 화장실의 분변은 매일 치운다. 고양이가 사냥하지 못하게 하고 생고기나 사체를 먹지 못하게 한다. 대부분의 혈장 IgG 양성 고양이는 낭포체를 배출하지 않으며 재배출할 가능성도 없다. 임산부를 위해서 집고양이의 가장 바람직한 검사 결과는 IgG양성과 IgM 음성이다. 톡소플라즈마는 완전히 제거할수 있는 약이 없기 때문에, 언제라도 재발 할 수 있다.

1부

2. 묘소병(Bartonellosis, Cat-Scratch Disease)

바토넬라 헨셀리(Bartonella henselae)라는 세균에 감염되어 발병하는 질환. 고양이간 전파에는 절지동물(특히 벼룩)이 중요한 역할을 한다. 사람으로의 감염은 고양이한테 할퀴거나 물렸을 때 발생한다.

고양이에서 감염시 림프절종대, 발열, 번식장애, 비장의 증식 등의 증상이 나타날 수 있지만 심각한 임상증상은 거의 일으키

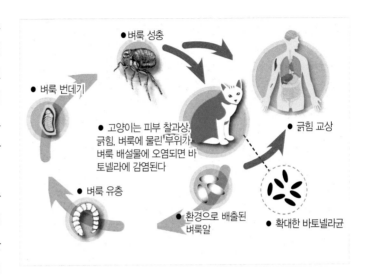

- 벼룩 성충
- 벼룩 번데기
- 고양이는 피부 찰과상, 긁힘. 벼룩에 물린 부위가 벼룩 배설물에 오염되면 바토넬라에 감염된다
- 긁힘 교상
- 벼룩 유층
- 환경으로 배출된 벼룩알
- 확대한 바토넬라균

지 않는다. 사람에서는 림프절종대, 발열, 무기력, 근육통, 식욕 감퇴, 체중 감소, 두통, 혈관종증, 내장 자색반증, 패혈증, 육아종성 간염, 비장염, 뇌수막염, 심내막염, 망막염, 시신경 부종, 골융해증, 육아종성 폐렴등의 증상이 나타날 수 있고 AIDS환자 같은 면역이 감소된 사람에서는 더욱 심한 증상이 나타난다. 하지만 면역이 정상적인 사람에서는 큰 증상이 나타나지 않는다. 항생제로 세균혈증을 제한할 수는 있으나 모든 고양이에서 감염을 치료할 수는 없다. 따라서 매달 외부기생충약을 투여하여 고양이 사이에 벼룩을 통한 이 세균의 전파를 막는 것이 중요하다. 또한 면역이 약한 사람은 고양이에게 물리거나 할퀴지 않도록 주의해야 한다. 고양이에게 상처가 났을때는 즉시 세척, 소독하고 의학적 조언을 구해야한다.

3. 보드텔라 감염증(Bordetellosis)

보드텔라 브론키셉티카(Bordetella bronchiseptica)라는 세균에 감염되어 발병하는 호흡기 질환이다. 개에서는 전염성 기관기관지염인 켄넬코프를 일으키는 대표적인 원인균중 하나이다. 이 세균은 환경에 오래 생존할수 없기 때문에 주로 비강, 구강 분비물에 직접접촉으로 감염이 이루어지지만, 환경에 만연해 있어서 간접접촉으로도 감염이 이루어질 수 있다. 개와 고양이간에도 전파가 될수 있다. 과밀하고 스트레스를 받고, 위생적이지 못한 환경에서 감염율이 높다. 개에서는 전염성 기관기관지염인 켄넬코프를 일으키고 고양이에서는 호흡기 바이러스(허피스,칼리시)나 세균(클라미도필라)에 2차적인 감염을 일으켜 호흡기질환을 일으킨다.

개 고양이에서의 증상은 재채기, 눈과 비강 분비물, 기침이 있다. 고양이는 호흡기 감염시 재채기 증상이 더 흔한데 기침을 할 경우에는 보드텔라 감염을 의심해 보아야한다. 어리거나 면역이 약한 동물에서는 직접 폐렴을 일으킬수도 있다. 사람한테도 감염이 가능한데 건강한 사람에서는 임상적인 질환이 드물게 나타나지만 만성질환자, 함암 치료중인자, 에이즈환자, 면역억제제 복용자등 면역이 약한 사람은 증상이 심하게 나타날 수 있다. 진단은 임상증상과 유전자검사(PCR)로 할수 있다. 치료는 항생제, 진해제 등으로 한다.동물에게 예방접종으로 예방할수 있으로 매년 예방접종이 중요하다.

4. 진드기 매개 질병(Tick-Born Disease)

※ 이 질병은 개,고양이와의 접촉에 의해서 발생하지는 않고
동물에 감염된 진드기에 사람이 물렸을 때 발생할수 있다.

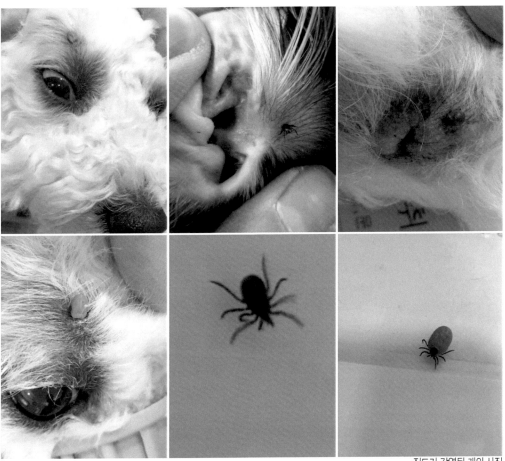

진드기 감염된 개의 사진

1) 아나플라스마증 (Anaplasmosis)

아나플라스마 파고사이토필럼(Anaplasma phagocytophilum)이라는 리케치아를 가진 진드기에 물렸을 때 개,고양이,사람에게 감염된다. 동물에서는 발열,식욕부진,무기력,관절염등의 증상이 나타나고 사람에서는 발열,두통, 오한, 근육통등의 증상이 나타난다.

2) 에를리키아감염증 (Ehrlichiosis) 에를리키아 캐니스(Ehrlichia canis), 에를리키아 차핀시스(E. chaffeensis)라는 리케치아를 가진 진드기에 물렸을 때 개, 사람에 감염이 된다. 개에서는 발열, 침울, 림프절종대, 출혈, 혈소판감소증, 파행등의 증상이 나타나고 사람에서는 발열, 두통, 오한, 근육통, 구토, 설사, 피로, 식욕감소, 관절통, 두드러기, 기침등의 증상이 나타난다.

3) 라임병 (Lyme Disease)

보렐리아 버그도페리(Borrelia burgdorferi)를 가지는 진드기에 물렸을 때 개, 사람에 감염된다. 개에서는 파행, 관절부종, 고열, 림프절병증, 식욕부진등의 증상이 나타난다. 사람에서는 질병의 초기에는 발열, 두통, 피로감과 함께 특징적인 피부병변인 이동홍반(erythema migrans)이 나타난다. 이동성 홍반은 특징적으로 황소 눈과 같이 가장자리는 붉고 가운데는 연한 모양을 나타내는 피부 증상이다. 치료하지 않으면 수일에서 수주 뒤에 여러 장기로 균이 퍼지게 되고 뇌염, 말초신경염, 심근염, 부정맥과 근골격계 통증을 일으킨다. 초기에 적절하게 항생제를 이용해서 치료하지 않으면 만성형이 되어 치료하기 어렵다. 법정 3급 감염병에 속한다.

4) 중증 열성 혈소판감소 증후군 (Severe Fever With Thrombocytopenia Syndrome , SFTS)

STFS 바이러스에 감염된 진드기에 물려 걸리는 질병으로 7~14일의 잠복기가 있다. 1주일 이상 고열, 두통, 어지럼증, 관절통, 구토, 설사 등의 증상이 나타나고 콩팥, 심장을 포함한 여러 장기의 복합적 기능부전과 함께 심하면 사망에 이르는 신종바이러스 감염질환이다. 아직까지는 특별한 치료제나 예방백신이 없어 적절한 치료가 이뤄지지 못하면 사례별 치사율이 20%에 이르기도 한다. SFTS에 감염된 반려동물의 체액에 접촉하면 사람도 감염될 수 있다. 풀숲에 들어갈 때에는 긴 소매, 긴 바지 등을 착용하여 피부노출을 최소화해야 합니다. 진드기에 물리지 않게 주의하고 반려동물도 진드기예방을 철저히 하여 물리지 않게 하는게 좋습니다.

5. 렙토스피라증(Leptospirosis)

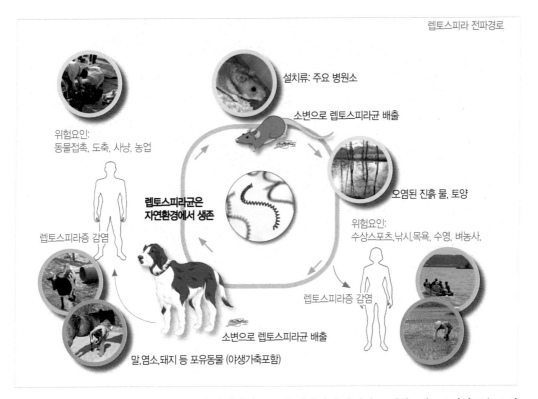

렙토스피라 전파경로

설치류: 주요 병원소

소변으로 렙토스피라균 배출

위험요인:
동물접촉, 도축, 사냥, 농업

렙토스피라균은
자연환경에서 생존

오염된 진흙 물, 토양

위험요인:
수상스포츠, 낚시, 목욕, 수영, 벼농사,

렙토스피라증 감염

렙토스피라증 감염

말, 염소, 돼지 등 포유동물 (야생가축포함)

소변으로 렙토스피라균 배출

렙토스피라(Leptospira)라는 나선균에 감염되어 동물과 사람에서 발병하는 질환. 렙토스피라균은 소변으로 배출이 되고 상처입은 피부 또는 점막 접촉, 태반 경유, 오염된 조직 섭취, 토양, 물, 침구, 음식, 매개체를 통해서 감염된다. 감염된 개는 간, 신장에 주로 증상이 나타난다. 개에서의 증상으로는 식욕부진, 침울, 빈호흡, 구토, 혈소판감소증, 신부전, 황달이 있고 회복되거나 비임상 감염된 동물은 다양한 기간동안 균을 배출할수 있다. 고양이는 개보다 이 질병에 저항성이 있다. 사람에서는 가벼운 감기증상부터 황달, 신부전, 간부전, 호흡곤란등의 증상까지 다양합니다. 예방으로는 사람, 동물이 들쥐소변에 오염된 물에 접촉과 음수를 피하고 반려동물에게 예방접종을 잘하여 감염되지 않게 하는 것이 좋습니다.

6. 피부사상균증(Dermatophytosis)

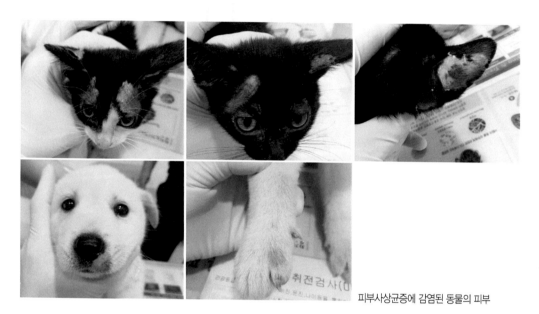

피부사상균증에 감염된 동물의 피부

각질친화성이 있는 곰팡이에 의해 털, 피부 그리고 발톱에 감염을 일으키는 질환이다. 일반적인 원인균으로는 마이크로스포럼 캐니스(Microsporum canis)와 트리코파이톤 멘타그로파이트(Trichophyton mentagrophytes), 마이크로스포럼 깁숨(Microsporum gypsum) 등이 있다. 이중 마이크로스포럼 캐니스(Microsporum canis)는 동물친화성 피부사상균으로 고양이의 피부사상균증에서 90% 이상을 차지한다. 피부사상균증은 어린 고양이, 어린 강아지, 면역력이 떨어진 동물, 장모종 고양이에서 높은 발생율을 보인다. 사람도 감염될수 있다. 페르시안 고양이와 요크셔테리어는 소인이 있는 품종이다. 피부사상균은 털의 성장을 방해하고 손상을 입히기 때문에 원형 탈모성 병변이 발생하고 이런 이유로 이 질환은 링웜(ring worm)이라고도 불린다. 그 외 피부증상은 초기에는 속립성 피부염 혹은 진피에 결절형태를 보이기도 한다.

병변은 국소적, 다병소적 또는 전신적으로 나타날 수 있다. 소양감은 경중에서 심한정도까지 다양하다. 많은 성숙한 고양이들은 무증상 보균자 형태로 존재한다. 따라서 고양이 미용후에 클리퍼날을 잘 소독하지 않으면 다른동물에게 감염시킬 수 있다. 미용중 발생하는 미세한 피부손상은 피부보호막을 손상시켜서

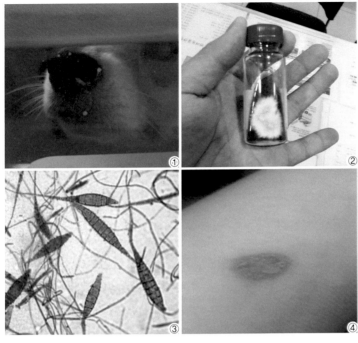

1.우드램프로 본 피부사상균증
2. DTM배지
3. 현미경상의 피부사상균
4. 피부사상균증에 감염된 사람의 피부

피부사상균증 감염을 쉽게 일으키게 한다. 털이나 각질에는 피부사상균이 포함되 있을수 있다. 개에서 발생하는 피부사상균은 고양이에서 감염되는 경우가 많다.

진단은 우드램프, 현미경검경, 곰팡이배양으로 할 수 있고 치료는 항진균제와 약용샴프등으로 한다. 3주간격 2회 연속 DTM배지에서 음성이 나올때까지 치료를 계속한다. 피부사상균은 환경에서 1~2년까지 생존할수 있다고 보고 되어있다. 환경에 의한 감염의 지속과 전파를 막기위해서 오염된 물건, 의복, 그루밍기구등을 버리거나 철저히 소독해야한다. 환경소독은 락스를 10~30배 희석한 액으로 할수 있다.

※미용실에서 피부사상균증 발생을 예방하기 위해서는 다음과 같은 노력을 해야 한다

첫째 고양이 미용시 클리퍼를 부드럽게 사용해서 피부손상을 줄인다.

둘째 미용후 약욕실시 – 미용후 약용샴프를 사용하면 피부에 남아있는 피부사상균을 제거하여 링웜이
    발생하는것과 피부사상균을 퍼트리는걸 줄일 수 있다.

셋째 고양이 미용후 미용기구 및 환경소독 – 미용후 클리퍼, 가위, 빗, 옷등을 잘 소독하고 고양이털을
    철저하게 진공청소기로 흡입하고 소독액으로 미용실을 소독한다.

넷째 고양이 미용시 피부사상균증이 의심된다면 보호자에게 알리고 치료를 받게 한다.

7. 광견병(Rabies)

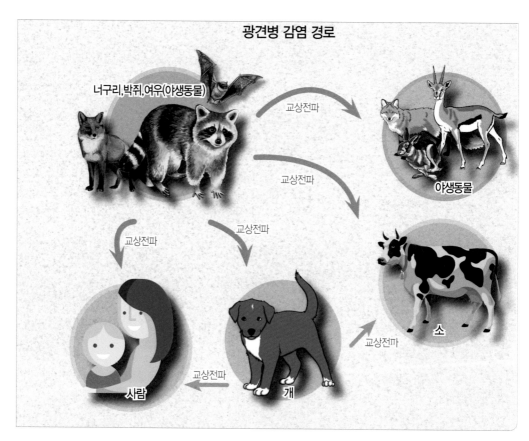

광견병 감염 경로

광견병은 광견병바이러가 있는 동물로부터 교상을 입었을 때 감염될수 있다. 사람을 포함한 모든 온혈동물이 감염될수 있다. 광견병은 법정 3급 감염병에 속한다. 대부분의 동물은 야생동물(스컹크, 라쿤, 여우, 박쥐등)과의 접촉에 의해 발생한다.

바이러스는 감염된 동물의 침으로 분비된다. 증상발현은 얼굴에 가까운 부위를 물릴수록 빨리 나타난다. 동물에서 잠복기는 1주에서 8개월로 매우 다양하고(평균 3~8주) 신경증상으로 발전하면 질병은 빠르게 진행되고 대부분의 동물이 7일 이내에 치사한다. 동물에서 광견병의 증상은 전구기, 광폭기, 마비기로 나타난다. 전구기는 2~3일 정도 지속되며 불안, 초조한 증상이 나타난다. 광폭기는 동물이 점점 흥분하며 종종 가상의 물체에 달려들어 물거나 케이지 또는 주변을 문다. 마비기는 전체 중추신경계로 퍼졌

을 때 나타날 수 있고 연하곤란, 과도한 침흘림, 쉰소리로 짖기, 얼굴감각 감소, 턱하수 증상등을 보인다.

사람에서 잠복기는 일주일에서 1년 이상으로 다양하지만 평균 1~2개월이다. 머리에서 가까운 부위에 물릴수록, 상처의 정도가 심할수록 증상이 더 빨리나타난다. 초기에는 다른 질환과 구분이 잘 되지 않는 일반적인 증상인 발열, 두통, 무기력, 식욕 저하, 구역, 구토, 마른 기침 등이 1~4일동안 나타난다. 이 시기에 물린부위에 저린 느낌이 들거나 저절로 씰룩거리는 증상이 나타나면 광견병을 의심할 수 있다. 이 시기가 지나면 흥분, 불안이나 우울 증상이 나타나고 인두마비로 물을 삼키지 못하기 때문에 물을 무서워한다고 해서 공수병(恐水病, hydrophobia)이라고도 한다. 병이 진행되면서 경련, 마비, 혼수상태에 이르게 되고 호흡근마비로 사망한다. 동물의 광견병 진단은 뇌조직을 이용한 면역조직화학 기법을 이용한다. 따라서 확진을 내리기 위해서는 동물을 안락사 해야한다.

사람의 잠복기는 동물보다 길다. 예방접종이 되어 있지 않은 광견병이 의심되는 동물에게 사람이 물렸을 경우에는 그 동물을 10일정도 격리를 하여 지켜보고 그안에 죽거나 광견병이 강하게 의심되면 안락사 한후 정밀검사를 하여야한다. 광견병이 확진되면 물린 사람은 이뮤노글로블린이나 예방접종을 실시하여 치료한다. 10일안에 증상이 안나타나면 물린 사람은 광견병 바이러스에 노출되지 않은 걸로 보고 물린 사람은 상처만 치료하면 된다. 광견병은 치료하지 않으면 치사율이 100% 이므로 매우 주의하여야 한다. 예방접종으로 예방이 잘되므로 키우는 온혈동물은 모두 예방접종을 실시한다. 법정 감염병이므로 반려동물을 예방접종 하지 않고 키우다가 다른 사람을 물었을 때는 법적인 문제가 생길수 있다.

8. 회충증(Ascariasis)

회충이 감염된 반려동물의 분변으로 충란이 배
출이 되고 이를 사람이 섭취했을 때 사람도 감염
될 수 있다. 회충은 반려동물의 가장 흔한 기생
충중의 하나이다. 사람에 감염시 회충은 눈, 뇌
같은 장기등에 이소기생을 일으키기도 한다. 사
람에 감염을 줄이기 위해서는 반려동물에게 주

 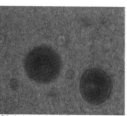

대변에 포함된 고양이의 회충사진   현미경으로 본 회충알 사진(400배)

기적으로 구충제등을 투여하고 년 1회 분변검사를 통해 기생충을 검사한다. 반려동물을 키우는 사람도 구
충제를 주기적으로 먹는게 좋고 반려동물의 변을 치운뒤에는 손을 깨끗하게 씻는다.

회충의 생활사 및 감염경로

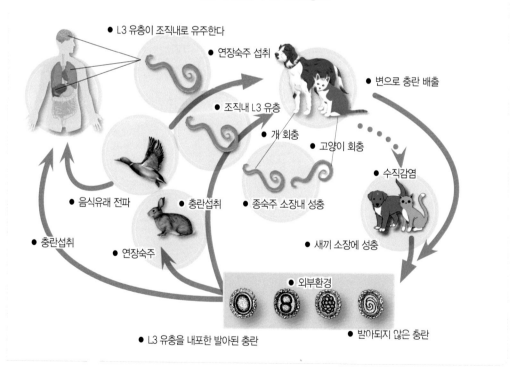

9. 개 브루셀라 (Canine Brucellosis)

주로 브루셀라 캐니스(Brucella canis)라는 세균이 개에 감염되어 고환, 전립선, 자궁,질과 같은 생식기에 염증을 일으키고 번식장애를 일으키는 질환이다. 개농장이나 번식장에서 교배하는 과정에서 주로 전파가 된다. 브루셀라에 감염된 정액, 질분비물, 소변, 태반, 우유등에 경구, 비강, 결막, 교배, 흡입, 공기전파등으로 노출이 됐을 때 감염될 수 있다. 수캐에 감염되면 고환염, 부고환염, 생식불능을 일으킬 수 있고 암캐는 자궁염, 임신초기 유산, 임신말기 사산등을 일으킨다. 브루셀라는 개에서 종종 추간판척수염, 뇌수막염과 같은 전신적인 질환을 일으키기도 한다. 개의 브루셀라증은 성견에서 쉽게 전파될 수 있지만 치사율은 낮다.

진단은 혈청검사, 배양검사로 할수 있다. 치료는 항생제로 할수있지만 시간이 오래 걸리고 감염체가 세포내세균이므로 완전히 제거하기는 쉽지 않다. 그러므로 예방이 중요한데 번식을 위해 다른개와 교배를 시킬때는 교배전에 브루셀라검사가 추천된다. 개 번식장에서는 브루셀라를 매년 검사하여 감염된 동물이 있는지 확인하는게 좋다. 감염된 동물은 치료가 쉽지 않고 사람한테 감염시킬 수 있으므로 안락사가 추천되기도 한다. 사람도 감염된 동물의 생우유를 섭취하거나 감염된 동물과의 접촉을 통해서 감염될 수 있다. 사람이 감염되면 파상열(간헐적인 발열), 침울, 권태감등이 나타난다.

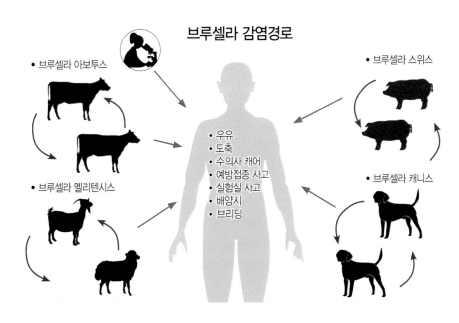

브루셀라 감염경로

• 브루셀라 아보투스
• 브루셀라 멜리텐시스
• 브루셀라 스위스
• 브루셀라 캐니스

• 우유
• 도축
• 수의사 캐어
• 예방접종 사고
• 실험실 사고
• 배양시
• 브리딩

2 장.
반려동물의 주요 피부병

1. 농피증(Pyoderma)

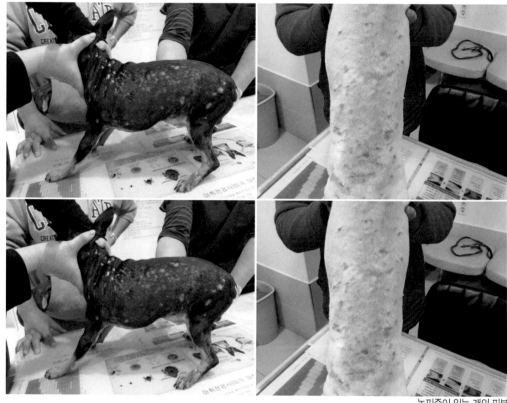

농피증이 있는 개의 피부

피부에 세균의 증식이나 감염으로 피부에 염증이 생기는 질환이다. 원인균으로는 개에서는 스태필로코커스 인터미디우스(staphylococcus intermedius), 고양이에서는 파스튜렐라 멀토시다(pasteurella multocida)가 중요하다. 농피증의 원발원인으로는 알러지(아토피, 식이과민증), 내분비질환(갑상선, 부신, 성호르몬 이상), 면역억제치료, 기생충, 외상, 이물, 영양결핍, 지루등이 있다. 개에서는 흔하지만 고양이에서는 드물다. 증상으로는 구진성 발진, 탈모, 각질, 가피, 상피성 잔고리, 농포, 태선화가 나타난다. 소양증은 경미한것부터 심한정도까지 다양하다. 치료는 항생제로 하고 증상이 해결된 뒤에도 1주일간 더 치료한다. 재발을 막기 위해서는 원인을 찾아서 해결하는 것이 중요하다.

2. 피부사상균증(Dermatophytosis)

- 1장 6.피부사상균증(Dermatophytosis) 인수공통감염병을 참조하세요

3. 개 개선충증(개 옴, Canine Scabies, Sarcoptic Mange)

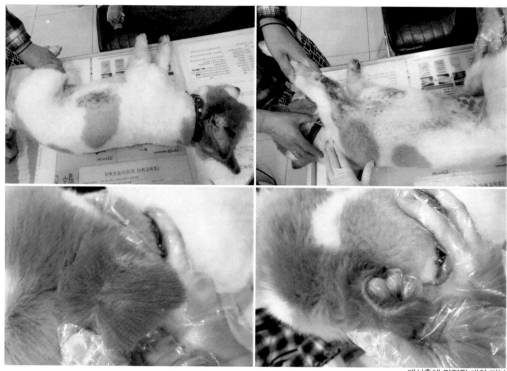

개선충에 감염된 개의 피부

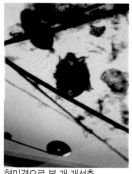

현미경으로 본 개 개선충

개선충(Scabies scabiei 또는 canis)이 피부에 파고들면서 피부에 강한 소양증을 유발하는 질병이다. 개에서 발병률이 높다. 개가 집단사육장, 유기견보호소에 있었거나 유기견과의 접촉을 통해 감염되는 경우가 흔하다. 잠복기는 2~6주 정도이다. 증상은 구진, 탈모, 발적, 가피, 찰과상등이고 초기에는 팔꿈치, 비절, 귀끝, 복측 배와 가슴부분에 털이 빠지고 심해지면 전신으로 탈모가 확대된다. 귀를 문지르면 반사적으로 발로 긁는 증상을 보인다(Pinnal – Pedal reflex). 개에서는 전염성이 강하고 사람에게도 감염될수 있고 고양이도 드물게 감염된다. 무증상 보균자가 있을수 있으므로 감염동물과 접촉한 모든 동물을 치료해야 한다. 미용중 접촉을 통해 사람에게 감염될수 있으므로 개선충이 의심되는 경우에는 장갑을 착용하는게 좋다. 진단은 피부소파로 옴진드기를 찾는 것이다. 옴진드기를 검사에서 발견하기 위해서는 여러곳을 검사하는게 좋다. 치료는 외부기생충약이나 항기생충약으로 약욕을 실시하고 2차 감염이 있을경우에는 항생제나 소염제를 병용한다. 개선충은 환경에서 3주까지 생존할수 있다. 그러므로 감염원이 될 수 있는 깔개, 방석등을 버리거나 확실하게 청소하고 사육장을 살충제로 소독한다.

4. 고양이 여드름(Feline Acne)

고양이 여드름은 턱주변의 모낭의 각화와 피지선의 과증식으로 인해 발생한다. 고양이에서 흔히 발생하고 아랫입술, 턱 그리고 윗입술에 나타나며 그중 턱에서 가장 흔하게 보인다. 처음에는 모낭에 비감염성 면포(comedo)가 형성되고 이 병변이 이차적으로 감염되면 여드름이 발생한다. 여드름의 증상은 구진, 농포, 종기증과 봉와직염등으로 나타난다. 원인은 유전, 외상, 자가손상, 스트레스, 지방생성 과다, 모낭 각화이상 및 선의 과증식, 바이러스나 세균감염, 영양결핍등이다.

치료는 비감염성 면포의 경우 턱주변의 털을 제거한후 온습포를 해주고 피지를 제거하는 약용샴프(benzoyl peroxide 또는 salycylic acid + sulfur)로 몇일 간격으로 씻어준다. 2차감염이 존재할 경우에는 항생제나 항진균제로 치료한다. 난치성 여드름의 경우에는 피지분비를 억제하는 전신적인 비타민A나 비타민A 유도체를 사용하면 도움이 될수 있다. 예후는 좋지만 재발이 잘되기 때문에 평생 치료가 필요하다.

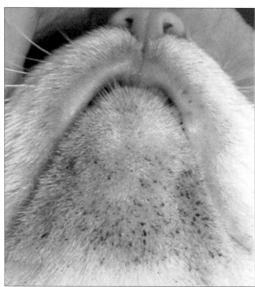

고양이 여드름(면포)

고양이 여드름(2차 감염)

5. 개 모낭충증(Canine Demodicosis)

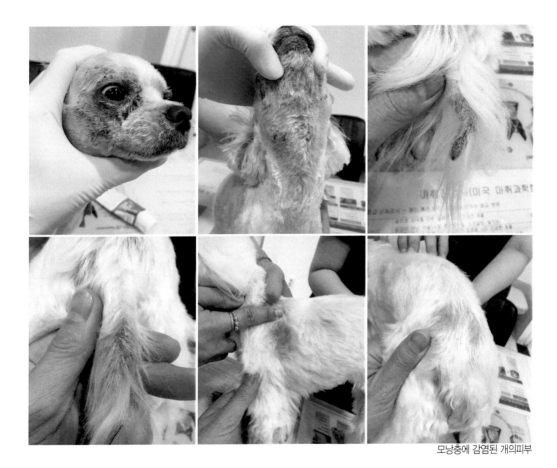

모낭충에 감염된 개의피부

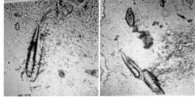

피부소파후 현미경으로 관찰한 모낭충

피부에 정상적으로 기생하는 모낭충(Demodex canis, Demodex injai)의 과증식에 의해 발생하는 피부질병이다. 국소적 모낭충증과 전신적 모낭충증이 있고 전신적 모낭충증 에는 유년기 전신 모낭충증과 성년기 전신 모낭충증이 있다. 모낭충증은 부신피질 기능항진증, 갑상선 기능저하증, 면역 억제제 투여, 당뇨, 종양등으로 면역이 억제된 개에서 주로 발생한다. 암컷의 경우에는 임신과 발정시 면역이 억제되어 발생할수 있으므로 중성화 수술을 실시하는게 좋다. 증상은 발적, 구진, 탈모, 태선화, 과색소침착, 농포, 궤양이 나타나고 말초 림프절종대가 일반적으로 나타난다. 이차적인 세균성 패혈증이 발생할 경우 전신적인 증상(발열, 침울, 식욕부진)이 나타날 수 있다. 사람과 다른개, 고양이에게 전염되지 않지만 수유기 초기 2~3일 동안 신생자견으로는 전염이 일어난다. 진단은 피부소파나 발모후 현미경으로 모낭충을 찾는 것이다. 치료는 외부 기생충약 및 외용제를 사용한 약욕으로 치료한다. 치료는 수주에서 몇 개월 정도가 소요되고 피부소파를 한달간격 2회 정도 실시하고 음성이 나오면 1~2개월정도 더 치료한다. 재발하는 경우가 있으므로 주기적인 감시가 필요하다. 유전적 소인이 있으므로 전신성 모낭충증이 발생한 강아지는 번식을 시켜서는 안된다.

6. 개 음식과민증(Canine Food Hypersensitivity)

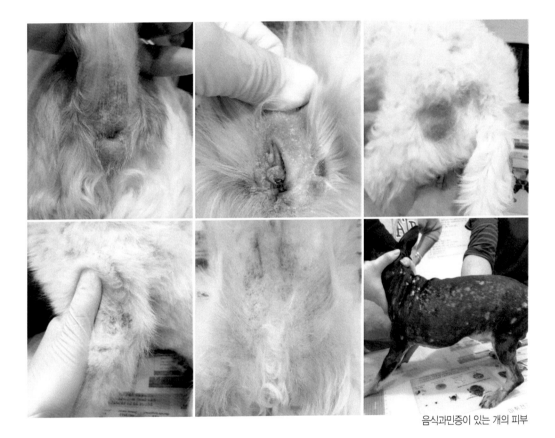

음식과민증이 있는 개의 피부

음식이나 음식첨가물에 대한 과민증으로 나타나는 질병이다. 원인물질은 단백질이 가장 폭넓게 진단되지만 탄수화물, 식품첨가제, 식품보존료등도 음식알러지를 일으킬수 있다. 비계절성 소양감이 특징이고 표재성 농피증, 말라세지아 피부염, 외이염이 나타난다. 나이에 상관없이 발병하나 음식알러지로 진단된 개의 30%가 1년령 이하이다. 병변은 홍반성, 구진성 발적으로 시작되고 소양증에 의한 자가손상으로 탈모, 찰과상, 비듬, 가피, 과다색소침착, 태선화등이 나타날 수 있다. 20~30%의 환축에서는 구토, 설사와 같은 위장관증상이 나타날 수 있다. 가장 흔한 5가지 증상은 머리 흔들기, 얼굴 문지르기, 발 핥기, 배

긁기, 바닥에 엉덩이 끌기이다. 만성적으로 재발하는 외이염도 흔한 주요 호소증상이다.

진단은 2차 감염을 치료한후 저알러지 음식을 2~3개월동안 먹이면서 증상이 50%이상 호전되는지 보는 것이다. 이 시기 동안에는 이전에 먹였던 다른 음식은 먹이면 안된다. 증상의 호전이 있으면 의심되는 음식을 다시 먹여서 7~10일 안에 증상이 재발하는지를 보고 진단할수 있다. 20%정도는 저알러지 음식에도 효과가 없을수 있다. 이런 경우는 음식첨가제에 대한 과민증때문일수 있어서 집에서 직접 만든 저알러지 음식으로 테스트를 해보아야 한다. 치료는 속발성 감염에 대한 치료와 알러지가 있는 음식을 먹이지 않는 것이다. 음식 조절을 잘하면 예후는 좋지만 새로운 음식에 대한 알러지도 발생할수 있기 때문에 주의해야 한다.

7. 개 아토피(Canine Atopy)

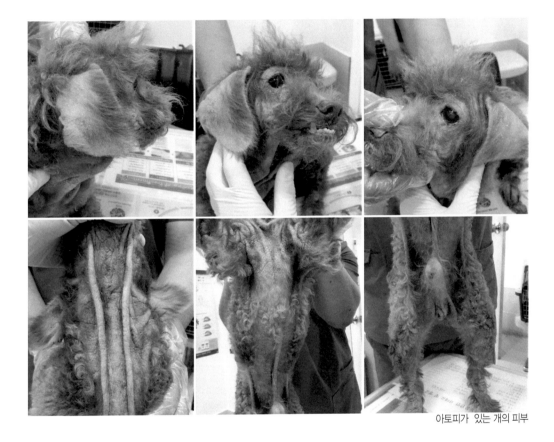

아토피가 있는 개의 피부

유전적으로 소인이 있는 개체에서 흡입 또는 피부로 흡수된 환경알러젠(집먼지진드기, 꽃가루, 곰팡이등)에 대한 과민반응으로 생기는 질환이다. 6개월에서 6년사이에 주로 발병하나 대부분은 1~3살 사이에 발생한다. 증상은 홍반과 소양감(핥기, 씹기, 긁기, 문지르기)으로 시작하는데 항원에 따라 계절성일수도 비계절성일수도 있다.   소양감을 보이는 부위는 발, 옆구리, 서혜부, 겨드랑이, 얼굴, 귀부분이다. 자가손상은 종종 속발성 피부염을 일으키는데 타액에 의한 염색, 탈모, 찰상, 비듬, 가피, 과색소침착과 태선화를 나타낸다. 2차성 농피증, 말라세지아 피부염과 외이염이 일반적이다. 만성 말단핥기 피부염, 재발성 화농창상 피부염, 결막염, 다한증, 드물게 알러지성 기관지염 또는 비염을 나타낼수 있다. 진단은

다른질환을 배제하고 진단하거나 알러지검사(피내, 혈청)가 있다. 완치가 어렵기 때문에 대부분 평생치료
가 필요하다.

● 아토피치료는 다음과 같다 ●

1. 알러젠에 대한 노출을 줄이고 2차감염을 치료한다.

2. 스테로이드, 항히스타민제로 소양감을 치료한다.

3. 필수지방산을 투여하여 소양감을 줄여준다.

4. 보습제등으로 피부가 건조하지 않게 한다.

5. 면역억제제를 투여한다.

6. 면역치료를 실시한다.

7. 아토피 항체주사를 투여한다.

8. 말라세지아증(Malasseziasis)

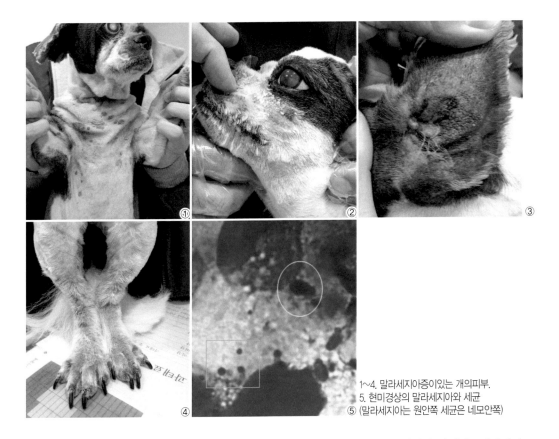

1~4. 말라세지아증이있는 개의피부.
5. 현미경상의 말라세지아와 세균
⑤ (말라세지아는 원안쪽 세균은 네모안쪽)

말라세지아(Malassezia)라는 피부 상재성 효모균의 과증식에 의해 발생하는 질환을 말한다. 말라세지아는 외이도, 입주위, 항문주위, 습윤한 피부 주름에 소수로 발견되는 효모이다. 개에서 주로 발생하고 과증식을 일으키는 원인은 아토피, 음식 알러지, 내분비질환, 각화장애, 면역저하등이 있다. 중등도에서 강한 소양감이 국소적 혹은 전신적 탈모, 찰상, 홍반, 지루등의 증상과 함께 나타난다. 만성화된 피부는 태선화, 과다색소침착, 과각질화가 일어날 수 있다. 치료는 항진균제 내복약이나 외용제를 투여하고 기저질환을 치료하지 않으면 재발되는 경우가 흔하다.

3장.
반려동물의 주요 감염병

1. 개의 감염병

1) 개 파보 바이러스성 장염(Canine Parvoviral Enteritis)

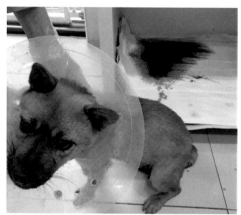
파보바이러스성 장염에 감염된 개의 혈액성 설사

개에서 파보바이러스(parvovirus)가 일으키는 위험한 장염이다. 감염된 동물의 분변을 섭취함으로써 감염이 된다. 잠복기는 4~12일정도이다. 증상은 구토, 설사, 혈변, 식욕부진, 무기력등이다. 이 바이러스는 분열이 왕성한 골수나 장세포에 침입하여 파괴한다. 임상증상은 바이러스의 독력, 바이러스의 양, 숙주의 면역, 강아지 나이, 다른 장질환(기생충 등)의 존재 유무에 따라 다르게 나타난다. 바이러스가 골수를 파괴하면 백혈구감소증이 나타난다. 합병증으로 저알부민증, 패혈증, 심근염이 나타날 수 있

다. 4개월 이하의 강아지에서 폐사율이 높다. 대형견에서 증상이 더 심하게 나타나는데 도베르만, 로트와일러, 핏불테리어, 래브라도는 다른 종에 비해 감수성이 높다. 파보장염이 상음와세포를 파괴할 경우에는 혈변을 심하게 볼 수 있고 회복후에도 설사증상이 장음와가 회복될때까지 오래 지속될수 있다. 고양이도 감염이 가능하다. 진단을 위해서는 진단키트와 혈액검사, 영상검사, 분변검사등이 필요하다. 비슷한 증상을 보이는 질병에 대한 감별이 필요하다. 치료는 수액요법, 항생제, 진통제, 항구토제, 혈장, 항바이러스제등을 투여한다. 증상이 심하지 않으면 초기 3~4일만 견디면 치료 가능성이 높아진다. 예방접종을 통해서 예방이 가능하므로 6주 정도부터 접종을 시작하는게 좋다. 파보 바이러스는 환경에서 생존기간이 수개월에서 수년정도로 매우 길기 때문에 파보 바이러스의 노출에 대한 예방은 어렵다. 개가 집안에서만 생활하더라도 사람이나 물건을 통해서 전파가 가능하다. 파보장염이 의심되는 개가 왔을때는 32배정도 희석한 락스를 뿌려서 10분동안 노출을 하면 소독효과가 있다. 시중에 나와있는 대부분의 소독약은 파보 바이러스에 효과가 없다. 파보 바이러스가 잠복되 있는 개에서 미용후에 스트레스로 발병하는 경우도 있으므로 예방접종이 완료된 개를 미용하는게 좋다.

2) 개 코로나 바이러스성 장염(Canine Coronaviral Enteritis)

개에서 코로나바이러스(coronavirus)가 일으키는 장염이다. 코로나바이러스가 장 융모에 침입하여 파괴하고 파보바이러스처럼 장음와나 골수는 침입하지 않는다. 증상은 구토, 설사, 식욕부진등의 증상이 나타나고 파보장염보다는 가벼운 증상이 나타난다. 작거나 어린 강아지의 경우에는 적절한 치료를 받지 못할 경우 폐사할수 있다. 파보바이러스와 함께 감염되면 이환율과 폐사율이 높아진다. 진단은 진단키트, 유전자검사로 할수 있다. 치료는 수액요법, 장운동조절제, 진통제등이다. 예방은 백신으로 가능하다.

3) 개 홍역 (Canine Distemper)

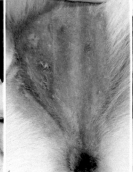

홍역에 감염된 개의 사진 (눈곱, 마른코, 농피증, 에나멜 저형성)

개에서 홍역 바이러스 감염되어 발생하는 개의 전신적 질환이다. 홍역에 감염되면 여러 가지 증상이 나타날 수 있지만 주로 초기에는 발열과 건성 각결막염 때문에 눈꼽이 끼고 기침, 콧물과 같은 호흡기 증상이 나타나며 증상이 진행되면 설사나 신경증상이 나타날 수 있다. 개체에 따라서 소화기 증상만 있거나 신경증상만 나타나는 경우도 있다. 신경증상은 항체반응이 미약하거나 없는 개들에서만 발생한다. 발바닥패드나 코가 과각화증으로 인해 딱딱해지거나 치아의 에나멜질 저형성 증상도 나타날 수 있다. 진단은 키트검사, 유전자검사, 뇌척수액검사등으로 할수 있다. 치료는 감염초기에 혈장투여, 항생제 및 대증요법등으로 가능하지만 폐사율은 50%에 달한다. 초기에 치료하지 않으면 뇌로 바이러스가 퍼지게 되어 신경증상이 나타날 수 있고 신경증상이 나타나면 드물게 없어지는 경우도 있지만 평생동안 남을 수 있다. 카타르 증상에서 회복된후 2~3월안에 신경증상이 나타날 가능성이 있다. 초기치료에 실패하면 치명적인 경우가 많기 때문에 예방접종을 적절한 시기에 실시하여 예방하는 것이 중요하다.

4) 켄넬코프(Kennel Cough)

켄넬코프의 원인균	
세 균	보드텔라, 스트렙토코커스, 마이코플라스마
바이러스	개 아데노바이러스2, 개 인플루엔자 바이러스(H3N8), 개 파라인플루엔자 바이러스, 개 허피스바이러스 타입1, 개 호흡기 코로나바이러스

개 전염성 기관기관지염을 말하며 매우 전염성이 높으며 기도에만 국한되는 급성 질환이다. 하나 또는 그 이상의 많은 바이러스와 세균성 원인체가 이 질환을 일으킬 수 있다.

다른 개들과 접촉빈도가 높을수록 전염될 가능성이 높아진다. 이 질환에 이환된 개는 갑작스런 기침을 하며 운동, 흥분, 목에 자극이 가해졌을 때 심해진다. 구토, 구역질, 콧물도 함께 나타날 수 있다. 이 질환은 거의 모든 개에서 2주정도 임상증상을 나타낸후 자발적으로 회복한다. 그러나 몇몇 개들은 폐렴이 진행되어 공격적인 치료를 필요로 하며 때론 사망하기도 한다. 설사나 맥락막망막염이나 경련등의 증상을 함께 보이는 경우에는 개 홍역이나 곰팡이 감염과 같은 중증의 질병에 걸렸을 수도 있다. 드물지만 원인균의 하나인 보드텔라 브롱키셉티카(B. bronchiseptica)는 사람에도 전염될 수 있다. 그러므로 면역이 감소된 사람은 주의해야 한다. 진단은 유전자검사(PCR)을 통해 할수 있다. 치료는 최소 7일정도 휴식을 취하면서 운동이나 흥분을 하지 않게 하는게 좋다. 기침억제제나 항생제투여 분무치료등으로 치료한다. 2주 이내에 임상증상의 개선이 없다면 추가적인 진단이 필요할 수 있다. 백신은 전염을 막지는 못하지만 임상증상을 줄여 회복시간을 단축시킬 수 있기 때문에 매년 해주는게 좋다. 미용샵이나 호텔에 기침을 하는 켄넬코프가 의심되는 개가 왔을때는 다른 개한테 전염시키지 않도록 분리해 놓는게 좋다.

5) 개 전염성 간염(Infectious Canine Hepatitis)

블루 아이(blue eye)

개 아데노바이러스 1에 감염되어 발생하는 간염이다. 이 바이러스는 간, 눈, 내피세포에 영향을 준다. 보통 예방접종이 되있지 않은 1년이하의 개에서 호발한다. 증상은 발열, 식욕부진, 구토, 설사, 간종대, 복통, 복수, 혈관염, 비화농성뇌염, 전포도막염등이 있고 20%정도는 감염후 4~6일 후에 전포도막염과 각막부종으로 블루아이(blue eye)증상이 나타난다. 블루아이 증상은 녹내장이나 각막궤양으로 발전할수 있다. 진단은 유전자검사, 혈액검사, 영상검사등으로 할 수 있다. 치료는 대증요법 , 간보조치료 및 합병증예방등이다.   심급성형이나 급성형에서는 예후가 좋지않지만 경미한 타입은 회복이 될수 있다. 하지만 항체 생성이 잘안되는 개는 급성간염에서 회복후 만성간염이나 신장질환으로 진행할수 있다. 백신이 있으므로 어렸을 때 예방을 하는 것이 최선의 방법이다.

6) 심장사상충증(Heartworm Disease)

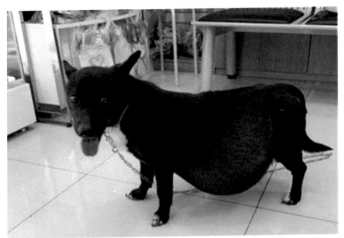

심장사상충 감염으로 복수가 찬 개

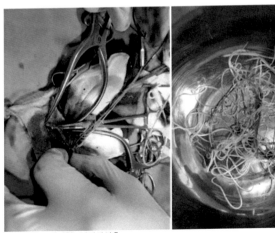

수술적으로 제거한 심장사상충

모기가 매개하는 심장사상충 (Dirofilaria immitis)에 감염되어 나타나는 질환이다. 개와 고양이, 페럿등에서 감염될 수 있다. 개에서는 심장사상충이 감염되면 폐동맥에서 기생을 하고 폐동맥고혈압을 일으켜 운동 불내성, 피로, 호흡곤란, 기침, 실신등을 일으킨다. 개 심장사상충은 심한 정도에 따라 1단계에서 4단계로 나뉜다. 1단계는 증상이 거의 없고 2단계부터 증상이 나타난다. 1~3단계는 약물 치료가 가능하지만 4단계는 수술적으로 심장사상충을 제거해야 한다. 감염초기에는 증상이 없으므로 예방을 하더라도 년 1회 심장사상충검사를 실시하여 발견되면 조기에 치료하는게 좋다. 고양이는 심장사상충에 감염되면 염증반응에 의해 천식과 비슷한 급성 호흡기질환을 일으킨다. 증상으로 구토, 기침, 호흡곤란, 실신등을 나타난다. 고양이에서는 부작용이 심해서 심장사상충을 약물로 제거하기 어렵다. 수술적으로 대정맥,우심방,우심실에 있는 심장사상충은 제거가 시도되기도 한다. 고양이는 심장사상충치료가 어렵기 때문에 예방이 중요하다. 심장사상충은 사람에서도 드물게 감염되어 폐에 육아종성 염증을 일으킬수 있고 건강검진등에서 폐종양으로 오인되기도 한다.

개 심장사상충증의 단계 분류				
	1기 (Class 1)	2기 (Class 2)	3기 (Class 3)	4기 (Class 4)
임상증상	무증상	간헐적 기침 운동후 피로 경도~중등도 몸상태저하	전신 몸상태 저하, 운동후 피로, 활동 감소 지속적인 기침 호흡곤란, 우심부전	악액질, 호흡곤란, 복수, 혈뇨, 객혈 대정맥 증후군
영상	이상 없음	우심실 비대, 경미한 주폐동맥 확장, 경미한 폐침윤	우심실, 우심방 확장, 중등도이상 폐동맥 확장, 폐침윤 혈전색증	좌측과 비슷 우심방, 대정맥에서 심장사상충 관찰됨
혈액	이상 없음	경미한 빈혈, 단백뇨	빈혈, 단백뇨	혈색소뇨
권고치료	표준요법	표준요법	대체요법	수술적 제거

심장사상충 예방약의 종류			
투여 경로	성분	대표제품	투여주기
경구용	ivermectin	하트가드	월 1회
	milbemycin oxime + afoxolaner	넥스가드 스펙트라	
피부 도포용	selamectin	레볼루션	
	moxidectin + imidacloprid	애드보킷	
	eprinomectin	브로드라인	
피하주사	moxidectin	프로하트 12	년 1회

※ 심장사상충 예방법
▶ 연중 예방법 : 매월 또는 사계절 예방
▶ 계절적 예방법 : 4월 ~ 11월(모기가 주로 활동하는 계절만 예방)
★ 심장사상충은 감염시 초기증상이 없고 감염된 상태에서 예방시
   쇼크와 같은 부작용이 있을 수 있으므로 매년 1회 검사후 예방 해야한다.

7) 렙토스피라증 – '1장 렙토스피라증(Leptospirosis) 인수공통감염병'을 참조하세요.

8) 광견병 – '1장 광견병(Rabies) 인수공통감염병'을 참조하세요.

2. 고양이의 감염병

1) 허피스바이러스 1 감염증(Herpesvirus 1 Infection)

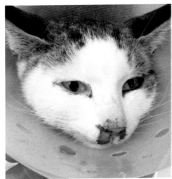

눈곱과 콧물을 보이는 허피스바이러스에 감염된 고양이

고양이 허피스바이러스 1 (FHV 1)은 DNA바이러스로 고양이에서 발생하는 상부호흡기 질환의 흔한 원인이다. 모든 연령의 고양이가 이 바이러스에 감염되지만 특히 어린 연령의 고양이가 감염에 더 취약하다. 이 바이러스는 스트레스가 많은 보호소나 다두 사육장에서 더 문제가 된다. 이 바이러스는 주로 감염된 고양이의 눈, 코 또는 구강분비물의 직접적인 접촉에 의해 다른 고양이에게 전파된다. 감염된 고양이에서 바이러스의 평균 잠복기는 2~6일이다. 임상증상은 안구와 호흡기에 나타나고 안구증상은 각결막염에 의한 충혈, 눈곱이 있고 심할 경우 각막탈락이나 각막궤양, 전안방 포도막염이 올 수 있다. 호흡기 증상은 초기에 장액성 콧물을 보이다가 세균이 이차 감염되면서 점액농성 비루로 바뀌게 되고 괴사성 비염이 발생한다. 부비동염은 종종 속발성 감염에 의해 이환된다. 급성 바이러스 매개성 세포용해는 비갑개 골과 연골에 심각한 손상을 입히고, 만성 비부비동염을 유발할수 있다. 각막에서 바이러스 복제가 일어나면 수지상 각막궤양도 관찰될 수 있다. FHV-1에 의한 특이한 증상으로는 유산과 호산구성 궤양성 안면 피부염이 있으며 안면피부병은 콧구멍이나 눈의 근처에서 발생한다. FHV-1에 감염되고 회복된 대부분의 고양이들은 바이러스가 신경 조직내에 잠복하여 있기 때문에 일생 동안 감염된 채로 살아간다. 바이러스 배출은 스트레스, 질병 또는 면역억제제에 의해 재활성화 될수 있다. 따라서 평생동안 바이러스 휴지기와 증상재발을 반복하는 것이 허피스바이러스 감염증의 특징이다. 진단은 유전자검사로 할수 있다. 치료는 항바이러스요법, 항생제, 수액요법, 영양공급, 대증요법등으로 한다. 다두 사육하는 곳에서 이 질병이 의심되면 건강한 고양이와 2m이상 떨어진 곳에 격리하고 환경을 락스(32배 희석)로 소독한다. 어린 고양이에서 감염되기 전에 예방하는 것이 중요하고 기초접종후 항체가 오래 지속되지 않기 때문에 1년마다 추가접종을 해주어야 한다.

2) 칼리시바이러스 감염증(Calicivirus Infection)

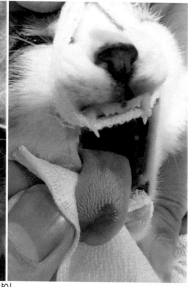

칼리시바이러스(FCV)는 광범위한 항원 변이성을 가진 RNA바이러스로 FHV-1(고양이 허피스바이러스 1)과 함께 고양이의 상부호흡기 질환의 흔한 원인이다. FCV와 FHV-1은 고양이 상부호흡기 감염증 원인의 80%를 차지한다. FCV는 상부호흡기계, 결막, 혀의 상피세포와 폐포내의 폐

칼리시바이러스 감염으로 혀에 궤양이 생긴고양이

세포에서 복제 증식하면서 임상증상을 나타낸다. FCV의 가장 일반적인 임상증상은 재채기이고 그밖에 흔한 증상으로는 발열, 콧물, 유연이 있다. 발열, 구강궤양 또는 코막힘에 의해 식욕부진이 나타나고 탈수와 폐사를 유발할 수 있다. 드물지만 다양한 변종의 FCV가 다발성 관절염, 코평면의 궤양을 일으키거나 간질성 폐렴의 원인이 되기도 한다. 감염경로는 입과 코의 분비물에 의한 직간접 접촉이다. 잠복기는 3~4일 정도이다. 최근에는 치명적인 전신성 고양이 칼리시 바이러스(VS-FCV)라고 불리는 매우 치명적인 FCV바이러스 변종이 보고되어 있다. 이 변종 바이러스에 고양이가 감염되면 40% 이상이 폐사된다고 한다. VS-FCV 감염증은 고열, 얼굴과 발바닥의 부종, 얼굴, 발, 귀의 궤양과 탈모증상, 황달, 코피와 혈변, 그 외에도 더 심각한 호흡기 증상을 보인다. 어린 고양이보다 성묘에서 더 자주 발생하고 임상증상이 나타난후 24시간 내에 폐사하기도 한다. 진단은 유전자검사를 통해 할수 있다. 치료는 항생제, 수액요법, 영양공급, 대증요법등으로 한다. DNA바이러스와는 다르게 RNA바이러스인 FCV에 효과적이고 안전한 항바이러스제는 없다. 예방접종은 감염을 막아줄순 없지만 임상증상을 경감시켜주기 때문에 모든

고양이에게 필수적이다. 다두 사육하는 곳에서 호흡기질환 발생시에는 증상이 있는 고양이를 격리하고 환경을 락스로 32배 희석하여 소독한다. 질병의 전파를 막기 위하여 감염된 고양이는 다른 고양이와 2m이상 떨어지는게 좋다. 칼리시바이러스가 의심되는 고양이가 적극적인 치료에도 6일 이내에 호전이 없다면 FIV/FeLV 감염여부를 검사한다. 이 바이러스들은 면역을 억제하여 회복을 더디게 한다.

3) 클라미도필라 감염증(Feline Chlamydophilosis)

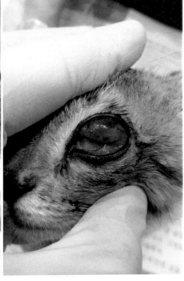

이 세균은 클리미도필라 펠리스(Chlamydoph-ila felis)이고 과거에는 클라미디아라고 불리웠고 고양이에서 주로 안구와 호흡기 감염증을 일으킨다. 감염의 이환율은 5주령에서 9개월령 사이 고양이에서 가장 높다. 보호소나 다두 사육장같은 고양이간 접촉이 많은 환경에서 다발한다. 고양이들

클라미도필라 감염으로 결막부종이 생긴 고양이

은 임상증상이 없는 보균체가 될수 도 있고 스트레스나 면역억압에 의해 잠복감염 상태가 재활성화되어 임상증상을 유발할 수 있다. 감염의 전파는 이환된 고양이와 밀접한 접촉이나 안구분비물, 비말감염, 매개체를 통해 이루어 진다. 클라미도필라는 허피스바이러스나 칼리시바이러스와 같은 다른 상부호흡기 바이러스나 마이코플라스마(Mycoplasma felis)나 보드텔라(Bordetella bronchiseptica)와 같은 세균과 함께 감염될 수 있다. 1~2년 미만의 고양이들이 재발감염에 대해 민감하고 2살 이상의 고양이들은 재발감염에 보다 저항성이 강하다. 결막충혈, 결막부종 같은 안구 증상들이 주 증상이며 호흡기 계통의 주증상으로는 약한 비염이나 재채기 등이 미약하게 나타난다. 안구 증상 없이 호흡기 증상 만 보이는 고양이는 거의 없다. 안구 증상은 한쪽 눈에서 시작하며 5~7일 후에 다른 쪽 눈에도 발생한다. 안구 분비물은 초기에는 수양성이지만, 점차 점액성 또는 점액화농성으로 변한다. 클라미도필라는 유산, 불임, 사산과 같은 생식기 질환들을 유발할 수 있다. 이 질환은 고양이 신생아를 감염시킬 수 있으며 개안시기를 지

연시킬 수 있다. 닫힌 눈의 부종이 종종 관찰될 수 있으며 삼출물이 축적될 수 있다. 각막염이나 각막궤양은 클리미도필라에서는 대체로 발생하지 않으나 허피스바이러스 감염에서는 흔히 관찰된다. 진단은 유전자검사로 한다. 치료는 전신적,국소적인 항생제로 치료한다.

4) 범백혈구 감소증(Panleukopenia, Feline Parvoviral Infection)

고양이파보바이러스(Feline Parvovirus,FPV)에 의해 발생하는 급성 바이러스성 질환이다. 개 파보바이러스 type 2(CPV-2)는 FPV의 돌연변이에 의해 유래된 것으로 생각되고 있다. CPV-2변종은 고양이에 감염력을 가지며 임상 질환을 유발시킬 수 있다. FPV는 매우 전염성이 강하며 림프조직, 골수, 소장 내 빠르게 분열하는 세포에 친화력을 갖는다. 자궁내 감염도 일어날 수 있지만, 분변-경구 감염이 더 흔하게 발생한다. 임상증상은 2~9일동안의 잠복기를 거친후 나타난다. 발열, 구토, 기력소실, 복통, 탈수등의 임상증상이 관찰되고 혈액성 설사도 나타날 수 있다. 임신초기 자궁 내 감염은 사산이나 태아의 미이라화, 유산을 일으킬 수 있다. 임신 후기 또는 주산기감염은 전형적으로 비진행성 소뇌 기능부전을 유발하며 운동실조, 운동조절장애, 의도진정, 체간운동 동요의 증상을 보인다. 진단은 임상증상과 혈액검사, 키트검사, 유전자검사로 할수 있고 혈액검사에서는 특징적으로 백혈구감소증이 보인다. 심각한 백혈구감소증을 보이는 고양이는 패혈증 위험이 증가하기 때문에 예후가 불량하다. 치료와 예방은 개 파보바이러스성 장염과 유사하다.

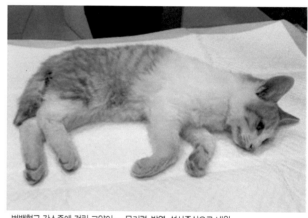

범백혈구 감소증에 걸린 고양이 - 무기력, 발열, 설사증상으로 내원

5) 고양이 전염성 복막염(Feline Infectious Peritonitis)

고양이 전염성 복막염(FIP)은 보호소나 고양이 사육장에서 입양한 어린 고양이에서 발생하는 가장 흔한 치명적 질환 중에 하나이다. 이 질병은 고양이 코로나 바이러스의 독성이 강한 형태인 고양이 복막염 바이러스(FIPV)에 의해 발생한다. 독성이 없는 고양이 장코로나 바이러스(FECV)의 20%정도가 FIPV로 돌연변이가 되어 전염성 복막염을 일으킨다. FIP는 1년 이하의 고양이에서 주로 발병하고 3년 이상의 고양

FIP감염으로 복수가 찬 고양이

복강에서 제거한 복수

이에서는 발병이 드물다. 어린 고양이에서는 특별한 스트레스가 흔한 FIP 개시와 관련되어 있다. 이 스트레스에는 임신, 출산, 불임, 수술, 무마취미용등이 포함된다. 만약 FIPV 공격과 스트레스가 함께 발생하면, 스트레스가 면역을 억제시켜 복막염이 발생하게 된다. FIP는 삼출형(습성)과 비삼출형(건성)으로 나뉜다. 삼출형은 감염에서 질병까지 2주정도 소요되고 비삼출형은 수주 이상 걸린다. FIP의 초기증상에는 진행성 무기력, 간헐적인 발열, 식욕감소, 체중감소등이 있다.

FIP는 삼출형이 비삼출형보다 더 흔하다. 삼출형은 내장의 장막, 대망, 흉막의 표면을 침해하여 복수나 흉수, 호흡곤란을 일으킨다. 비삼출형은 복부의 장기(특히 신장, 간, 장간막 림프절, 소화관 벽), 중추 신경계, 눈을 침해한다. 비삼출형은 60%에서 중추신경계 또는 안구 질병을 일으키고 삼출형은 10% 이하에서 눈과 중추신경계 문제가 생긴다. 가장 흔한 눈의 증상은 포도막염이다. 많은 고양이에서 홍채 색깔이 변화된다. 중추 신경계 증상으로 마비, 감각 과민, 발작, 경련, 뇌수종, 치매, 성격 변화, 안구 진탕증, 머리 기울임, 선회운동등이 있다. 진단은 유전자검사, 혈액검사, 코로나 항체검사, 삼출액 검사, 조직검사등으로 할수 있다. 효과적인 치료법은 아직 나와있지 않다. 예방은 과밀사육을 하지 않고 화장실을 여러개 사용하며 청소를 자주하고 스트레스를 줄여주는 것이다.

4장.
그밖에 알아두어야 할 질병

1. 치주염(Periodontitis)

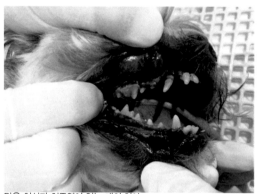

많은 치석과 치주염이 있는 개의 치아

치주염은 치아를 지지하는 조직인 치은(잇몸), 치주인대, 치조골(잇몸뼈)에 염증이 생기는 질환을 말한다. 개와 고양이에서 흔하게 볼수 있다.치주염은 치석 및 음식물 축적, 치아위치 이상등의 원인으로 발생한다. 치주염이 발생하면 잇몸발적, 냄새, 치조골 소실, 통증등이 나타난다. 치주염으로 치조골이 소실되면 치아가 흔들리게 된다. 심한 치주염은 구강내 다른조직(혀, 볼 등)에 염증을 일으키기도 한다. 치주염은 구강내 뿐만 아니라 혈액을 타고 다른 장기로 퍼져 심내막염, 사구체신염, 패혈증등의 전신질환을 일으킬수도 있다. 치주염 예방의 가장 효과적인 방법은 양치질이다. 양치질을 못할 경우에는 치석껌이나 치태예방 제품등이 약간의 도움을 줄수 있지만 1년에 1~2회 치석제거를 실시하는게 좋다. 치주염이 심하면 입에서 냄새가 많이 나며 얼굴주변을 만지는걸 통증 때문에 싫어할수 있다.

2. 유루증(Epiphora)

유루증은 얼굴까지 눈물이 과하게 흘러넘치는 질환으로 그중 선천성 비루관 결손에 의한 유루증을 눈물착색증후군(Tear Staining Syndrome) 이라고도 한다. 유루증의 원인은 크게 눈물의 과도한 생산, 안검 이상, 비루관의 폐쇄로 나눌수 있다. 세부적인 원인은 아래 표와 같다. 유루증에 의한 눈물착색은 눈물에 들어있는 빛에 반응하는 물질(porphyrins, cathecholamines, lactoferrin)에 의해서 발생한다. 이런 물질들은 타액이나 땀에도 들어있어 입주위나 다리에 색이 염색되는 경우도 있다. 유루증은 개의 건강에 문제를 일으키기 보다는 보호자가 신경을 쓰는 미용과 관련된 질환이다. 밝은색 견종에서는 더 눈에 띄기 때문에 갈색이나 검정색개보다 흰색개에서더 현저하게 나타난다. 유루증이 심해지면 피부의 습윤이 심해져 2차적인 안검염이나 내안각 부근의 접촉성 피부염등이 생긴다. 치료는 원인을 찾아서 제거해야 하며 원인을 모를 경우에는 유루증에 효과가 있는 항생제를 먹이면 일시적으로 좋아질 수 있다. 눈물량이 많은 경우에는 눈물샘(제3안검선)을 수술적으로 일부분을 제거하여 효과를 볼수도 있다.

유루증의 다양한 원인		
눈물의 과도한 생산	안검 이상	비루관 폐쇄
첩모에 의한 자극	큰 안검틈새(단두종)	선천성 누점 폐쇄
내안각의 과도한 피모	안검 외번	선천성 누점 편위
안검내번증	안검 내번 (특히 하안검 내안각)	선천성 원위 비루관 개구부 폐쇄
각막,결막에 이물		비염 또는 부비동염
빛, 바람	외상후 안검 반흔	누낭염
안검염	안면신경 마비	누관 또는 상악골 외상
결막염		이물(풀씨, 모래, 기생충등)
궤양성 각막염		안구주변 종양
포도막염		치아질환
녹내장		

유루증 치료전,후

3. 외이염과 중이염(Otitis Externa & Otitis Media)

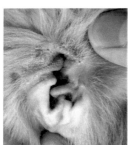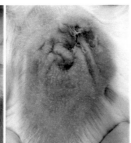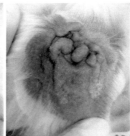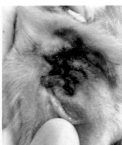

외이염이 있는 개의 귀(색소침착, 발적, 부종, 태선화, 귀지)

이염은 귀의 염증을 말하며 외이염, 중이염, 내이염으로 나뉜다. 외이염은 귀의 고막 이전까지의 바깥부위 즉 외이도구, 수직이도, 수평이도에 염증이 생겼음을 의미한다. 중이염은 고막과 고실에 염증이 생겼다는걸 말한다. 중이염은 외이염이 진행되어 생기는 경우가 대부분이지만 귀인두관(Auditory tube)을 통한 상행성 감염 또는 혈행성 감염도 드물게 발생할 수 있다. 외이염이 생기면 외이도에 발적, 부종, 냄새, 태선화, 지루등의 증상이 생긴다. 중이염은 외이염이 진행되어 생기는 경우가 많지만 호흡기질병에 의해서도 생길수 있다. 고양이보다 개에서 외이염이나 중이염이 더 흔하다. 개에서 외이염은 알러지성 피부염에 의해서 생기는 경우가 대부분이나 어린개에서는 귀진드기 감염으로 생기는 경우도 많다. 외이염의 원인은 그 외에도 각화이상, 내분비질환, 종양, 자가면역질환, 과도한 귀세척 등이 있다. 귀가 늘어져 있거나 좁은 이도, 이도내 과도한 털을 가진 견종은 외이염이 더 잘 생기는 경향이 있다.

  개가 외이염이 있으면 가려움증 때문에 귀를 많이 털거나 긁게된다. 심하게 긁으면 귀에 상처가 나서 궤양이나 심한 염증이 생기기도 한다. 따라서 개가 귀에서 냄새가 나거나 귀를 터는 증상을 보이면 외이염이 있을 가능성이 높으므로 초기에 치료를 받는게 좋다. 귀를 치료후에도 염증이 계속 재발하는 경우에는 알러지와 같은 기저질환이 있을 수 있으므로 재발을 막기 위해서는 기저질환을 치료해 주어야 한다. 미용중에 귓병이 있는 개들에서 귀털을 과도하게 제거하거나 과하게 닦을 경우 귓병이 더 심해질 수 있으므로 보호자와 상의후 귀를 청소하고 귀치료를 권유한다.

4. 항문낭염과 항문주위선 종양
(Anal Sacculitis & Perianal Tumors)

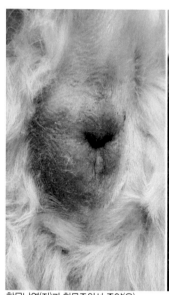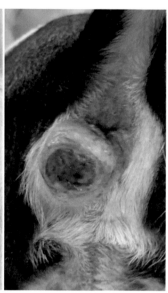

항문낭은 항문아래 4시, 8시 방향에 있는 피지선과 아포크린선으로 구성된 분비선을 말한다. 항문낭액은 특유한 냄새가 있고 개들은 사회적 인식의 도구로 이것을 이용한다. 항문낭 질환은 폐색, 만성감염과 급성감염(농양)이 있다. 항문낭 분비물 특성의 변화, 과분비 혹은 근긴장이나 대변형태의 변화는 항문낭의 과충만을 유발하여 이로 인한 발효, 염증과 감염 때문에 관이 폐쇄된다. 항문낭 질환은 대형견보다 소형견에서 더

항문낭염(좌)과 항문주위선 종양(우)

잘 발생한다. 고양이에서는 드물게 발생한다. 항문낭이 폐쇄되거나 염증이 생기면 항문낭이 종대되고 홍반, 발열, 통증, 파열등이 생길수 있다.개들은 항문낭 염증시 항문을 바닥에 문지르거나 핥거나 무는 증상을 보인다. 재발성 항문낭 질병은 알러지와 연관되어 나타날 수 있으므로 근본 원인을 확인하고 치료해야 한다. 원인을 알수 없는 항문낭염이 재발하는 경우에는 수술적으로 제거하는 방법도 있다. 항문낭염을 예방하기 위해서는 규칙적으로 항문낭을 짜주는 것이 효과적이다.

항문 주위에 생기는 종양으로는 항문주위선에 생기는 항문주위 선종과 항문주위 선암종, 그리고 항문낭에 생기는 항문낭 아포크린선암종(항문낭 선암종)이 있다. 항문주위선에 생기는 종양의 80%는 양성종양인 항문주위선종이며 이 종양은 수컷에서 남성호르몬의 영향으로 발생하고 중성화수술은 종양의 크기를 감소시킬수 있다. 고양이는 항문주위선이 없기 때문에 항문주위선 종양이 생기지 않는다. 항문낭 선암종은 악성 종양으로 대부분 편측성으로 발생하며 초기에는 느리게 증식하지만 주변 조직으로 전이될 수 있다. 항문낭 선암종은 주로 노령견에서 발생하고 난소-자궁 적출술을 받은 암컷에서 잘 발생한다.

5. 탈장(Hernia)

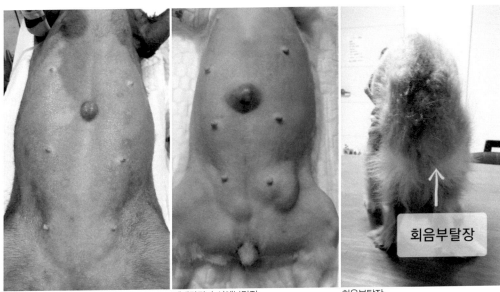

제대탈장   제대탈장과 서혜부탈장   회음부탈장

탈장은 복부나 흉부장기가 복부나 흉부 밖으로 탈출한 상태를 말한다. 제대탈장, 서혜탈장, 회음탈장, 횡격막탈장이 가장 흔하다. 제대탈장 (Umbilical Hernia)은 제대부위로 복부 그물막이나 지방,장이 탈출해서 밖으로 나온 상태를 말하고 선천성이 흔하나 개복수술후에도 생길수 있다. 제대탈장은 수술이 필요 없으나 내용물이 감금되거나 꼬인 경우는 수술이 필요하다. 서혜

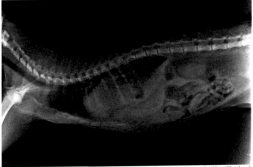

횡격막탈장이 있는 고양이 엑스레이(교통사고)

탈장(Inguinal Hernia)은 서혜관을 통해서 지방과 그물막, 장, 방광, 자궁등이 탈출하는 경우를 말하고 암컷에서 왼쪽에서 흔하게 보인다. 내장폐색, 허혈등이 생길수 있을수 있으므로 수술적으로 교정을 하는게 좋다. 회음탈장(Perineal Hernia)은 항문외측의 약해진 근육사이로 복부장기가 탈출하는 것

을 말하며 대부분 수컷의 단미된 견종에서 발생한다. 장관 또는 방광 막힘 또는 조임이 있는 동물에서는 응급으로 수술을 요한다. 횡격막탈장(Diaphragmatic Hernia)은 횡격막이 파열되어 간, 위, 장과 같은 복강장기가 흉강으로 탈출하는 것을 말하며 교통사고와 같은 외상으로 인해 발생한다. 복강장기가 흉강으로 들어가서 폐확장 등에 방해를 일으키므로 호흡곤란과 쇼크증상이 나타난다. 육안으로는 탈장부위가 보이지 않기 때문에 엑스레이 검사를 통해서 진단이 가능하다. 환자의 상태가 안정 되는대로 수술적 교정을 하여야 한다.

6. 백내장(Cataract)

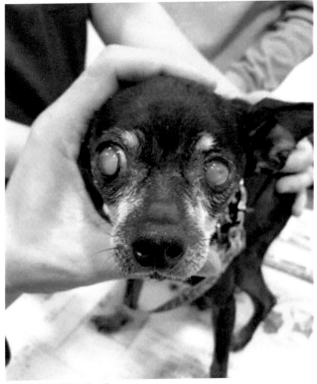

양쪽 눈에 백내장이 있는 개

백내장은 수정체 또는 수정체낭이 혼탁해지는 질환이다. 개에서는 많은 백내장이 유전으로 발생한다. 고양이에서는 백내장이 드물다. 백내장은 혼탁 및 성수도에 따라 초기, 미성숙, 성숙, 과성숙 백내장으로 나뉜다. 백내장의 혼탁이 심해질수록 시력에 장애가 심해져서 성숙 백내장에서는 거의 눈이 보이지 않는다. 당뇨병이 있는 개에서는 급속하게 백내장이 진행될수 있으므로 급속하게 백내장이 진행되는 경우는 당뇨병을 의심해봐야 한다. 성숙 백내장에서는 수정체 단백질이 파괴되어 포도막염을 일으키고 이는 녹내장을 유발할수 있다. 그러므로 성숙 백내장이 있는 개에서 수술을 하지 않을 경우에는 녹내장이 발생하는걸 지연시키기 위해서 비스테로이드성 소염제 안약을 지속적으로 넣어주는게 좋다. 백내장의 치료는 수술적으로 할수 있다. 백내장수술로 시력을 회복하기 위해서는 망막기능이 정상이어야 하고 눈에 다른 병적인 과정이 없고 전신마취를 견딜수 있는 건강상태여야 한다.

7. 녹내장(Glaucoma)

녹내장이 있는 눈 (안구확대, 충혈, 각막색깔 변화)

녹내장은 안압이 상승해서 시신경 및 망막이 손상되어 실명을 일으키는 질환을 말한다. 안압은 안방수의 생성과 배출의 균형에 달려 있다. 안압상승은 안방수배출에 장애가 생길 때 발생한다. 안방수는 안구의 형태를 유지해주고 안내구조에 영양공급과 노폐물의 제거, 대사산물의 운반을 담당한다. 안방수는 모양체돌기에서 생산되어 주유출로와 부유출로로 배출된다. 안방수의 배출은 개의 85%, 고양이의 97%가 주유출로로 배출된다. 녹내장은 발생한 시기에 따라 급성 녹내장과 만성 녹내장으로 나누고 각각의 임상증상이 차이가 있다. 급성녹내장의 증상은 심한 통증, 유루증, 충혈, 안검경련, 각막부종, 동공산대등이 나타난다. 만성 녹내장의 증상은 약간의 통증, 우안, 각막염, 시신경위축, 망막위축등이 나타난다. 중등도 이상의 안압이 2~3일 지속되면 회복불능의 신경장애가 일어나 실명될수 있다. 그러므로 시력을 보존하기 위해서는 녹내장이 의심되는 경우에는 신속하게 치료를 받는게 좋다. 녹내장은 발생원인에 따라 선천성, 원발성, 속발성으로 나눌수 있다. 원인에 따라 수술적으로 교정해서 완치할수 있는 녹내장이 있으므로 정확한 원인을 찾는게 중요하다. 내과적인 치료약은 안방수 생산을 줄이는 약과 안방수 배출을 증가시키는 약 등이 있다.

8. 건성 각결막염(Keratoconjunctivitis Sicca, KCS)

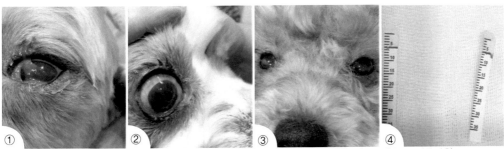

1. 점액농성 눈곱 2. 결막충혈 3. KCS로 인한 양측성 각막궤양 4. STT검사(양측 모두 눈물량이 5mm/분으로 적게 나옴)

건성 각결막염은 눈물의 불충분한 생산에 의해 생기는 만성질환으로 사람의 안구건조증과 비슷하다. 개의 결막염의 흔한 원인이고 고양이에서는 드물다. 선천성 원인과 속발성 원인이 있는데 속발성은 대부분 면역매개성 누선파괴로 인해서 발생한다. 홍역 감염이나 설파제 투여, 제3안검선 절제와 같은 원인등에 의해서도 발생할수 있다. 대부분 만성적인 각막과 결막의 변화를 일으킨다. 건성 각결막염의 증상은 안통, 점액농성 눈곱, 결막충혈, 각막궤양, 각막혼탁, 각막 혈관신생, 각막 색소침착등이 있다. 이 질병은 불독, 웨스트 하이랜드 화이트테리어, 아메리칸 코커 스파니엘, 요크셔테리어, 닥스훈트에서 흔하게 나타난다. 또한 퍼그, 페키니즈같은 안구가 돌출된 견종이나 안검이 폐쇄가 잘 안되는 견종에서 더 심하게 문제가 나타난다. 진단은 눈물량을 측정하는 STT(Schirmer tear test)로 할수 있다. 눈물량검사(STT)에서 정상은 15mm/분 이상이고 10mm/분 이하는 건성 각결막염을 의심할 수 있다. 상황에 따라 눈물량은 조금씩 변할수 있기 때문에 반복 측정하여 평균값을 내는게 좋다. 눈물양이 정상이라 하더라도 눈물의 질적이상(눈물에 포함된 점액과 지질성분의 이상)이 있는 경우에도 건성 각결막염이 생길수 있다. 치료는 내과적치료와 외과적치료가 있다. 내과적치료는 눈물분비를 유발하는 cyclosporine 안연고와 항생제안약 및 인공누액등으로 한다. 외과적치료는 2달정도 내과적치료에 차도가 없을 경우에 실시하며 이하선관전위술이라고 한다. 이는 타액선관을 결막낭에 이식하는 방법이다.

> ※ 반려동물 미용을 하면서 위탁을 같이 하는 경우가 있는데 반려동물을 위탁을 할 때에는 안구가 건조한지 여부도 잘 살피는게 좋다. 건성 각결막염이 있는 개를 위탁하다가 눈질환이 심해져서 곤혹스러운 경우가 종종 있기 때문에 주의를 요한다.

5장.
반려동물의 예방접종

1. 개의 예방접종 (Dog Vaccination)

예방접종은 치료하기 어려운 병들의 원인균등을 약화시켜서 몸속에 넣어줌으로써 항체를 형성하고 실제로 병원균들이 들어왔을 때 증상을 완화시켜주는 역할을 한다. 백신이 감염자체를 막아주지는 않는다. 개의 예방백신에는 여러 가지가 있고 그중 혼합백신과 광견병이 제일 중요한 백신이다(core - vaccine). 개에서 예방접종은 모체이행항체 수준에 따라 6주에서 8주에 시작하고 2~4주 간격으로 실시한다. 기초 예방접종이 끝나면 항체검사를 실시하여 항체가 부족하면 추가로 접종이 필요하다. 그 후 매년 추가접종을 하거나 항체검사를 통해서 항체가 부족한 백신만 접종을 할 수 있다. 본원에서 사용하는 개의 예방접종 프로그램은 아래와 같다. 백신프로그램은 지역이나 병원마다 약간씩 차이가 있을수 있다.

- 혼합백신(DHPPL) – 개홍역, 개전염성간염, 파라인플루엔자, 파보장염, 렙토스피라가 혼합된 백신
- 아래 백신외에도 피부사상균 예방백신도 있다.

개 기초 예방접종 프로그램			
순 서	시 기	내 용	비 고
1차	6주	혼합백신 + 코로나 장염	
2차	8주	혼합백신 + 코로나 장염	
3차	10주	혼합백신 + 보드텔라	
4차	12주	혼합백신 + 보드텔라	모든 백신은 상황에 따라서 접종 간격이나 횟수가 달라질 수 있다.
5차	14주	혼합백신 + 인플루엔자	
6차	16주	인플루엔자 + 광견병	
	18주	항체가 검사	
추가접종	매년	항체가 검사후 항체가가 부족한 백신만 접종	

2. 고양이의 예방접종(Cat Vaccination)

고양이의 예방백신에는 혼합백신, 백혈병, 고양이전염성복막염, 광견병, 피부사상균백신등이 있다. 고양이 예방접종은 모체이행항체 수준에 따라 6주에서 8주에 시작하고 3~4주 간격으로 접종한다. 모체이행항체가 낮을 경우에는 6주에 모체이행항체가 높을 경우에는 8주정도에 시작하는게 좋다. 모체이행항체는 항체가 있는 모견에게 수유를 잘 받은 새끼 고양이에서 높고 모유수유를 잘 못받았거나 길고양이에게서 태어난 새끼 고양이들은 낮을수 있다. 기초 예방접종이 끝나면 항체검사를 실시하여 항체가 부족하면 추가로 접종이 필요하다. 그 후 매년 추가접종을 하거나 항체검사를 통해서 항체가 부족한 백신만 접종을 할 수 있다. 본원에서 사용하는 고양이의 예방접종 프로그램은 아래와 같다. 백신프로그램은 지역이나 병원마다 약간씩 차이가 있을수 있다.

- 혼합백신(FVRCP) – 허피스바이러스 1, 칼리시바이러스, 클라미도필라, 범백혈구감소증이 혼합된 백신
- 아래 백신외에도 피부사상균 예방백신도 있다.

고양이 기초 예방접종 프로그램			
순 서	시 기	내 용	비고
1차	8주	혼합백신	
2차	12주	혼합백신 + 백혈병	모든 백신은 상황에 따라서 접종 간격이나 횟수가 달라질 수 있다.
3차	16주	혼합백신 + 백혈병 + 광견병	
	20주	항체가 검사	
추가접종	매년	항체가 검사후 항체가가 부족한 백신만 접종	

6장.
미용시 주의해야할 동물의 증상

9 장

1. 호흡이상(Abnormal Breathing)

노력성 호흡이나 호흡곤란, 빠른호흡 증상을 가진 동물은 심혈관계나 호흡기계통에 이상이 있을수 있으므로 치료를 먼저 받는게 좋습니다. 보호자분들은 이런 이상에 대해 잘 모르고 데려올 수 있기 때문에 미용하기전에 이런 증상이 있는 동물은 미용을 하지 말고 병원으로 바로 보내야 합니다. 만약 이런 증상이 있는 동물을 미용할 경우에는 스트레스로 인해서 호흡곤란이 더 심해질수 있고 폐사할 수 있습니다. 단 미용실에 와서 긴장을 해서 빠른호흡이나 헐떡임(Panting)증상이 있는 애들은 잠시 안정되면 괜찮아지기 때문에 감별이 필요합니다.

호흡이상이 있는 개

호흡이상의 흔한 원인
감염(세균, 바이러스, 기생충), 외상, 출혈, 이물, 구조적인 이상(연구개노장 같은), 심부전, 빈혈, 알러지, 통증, 발열, 복부확장을 일으키는 질병, 약물, 종양

2. 청색증(Cyanosis)

피부나 점막이 파란색으로 변한 경우를 말합니다. 점막은 혀와 구강에서 쉽게 볼수 있습니다. 청색증은 심혈관계나 호흡기계통의 이상으로 혈중에 산소가 부족한 상태입니다. 이런 경우도 바로 치료가 요하는 응급상황이므로 미용을 하게되면 스트레스로 인해 증상이 악화될수 있고 폐사할수 있으므로 미용을 하지 말고 바로 병원으로 보내는게 좋습니다. 청색증의 흔한 원인은 노령견에서 기관허혈이나 만성 심장질환에 의한 폐부종, 흉수, 기흉 등이 있습니다.

청색증이 있는 개

청색증의 흔한 원인	
순환기와 관련된 원인	호흡기와 관련된 원인
심장 판막질환	후두마비
심근질환	기도허탈 또는 기도 저형성
심낭수	폐렴
폐혈전증	천식
폐동맥 고혈압	폐출혈
자가면역 용혈성 빈혈	연기흡입
쇼크	전기 감전 쇼크

3. 다리 절음(Leg Limping)

소형견에서 슬개골탈구나 고관절이상으로 후지를 저는 경우가 많이 있습니다. 이런 이상이 있는 동물에서는 미용과정중 다리를 조작한 후에 증상이 더 심해지는 경우가 있으므로 미리 보호자한테 미용후 다리를 더 절수도 있다고 예기를 하고 저는 다리는 조심히 다루는게 좋습니다.

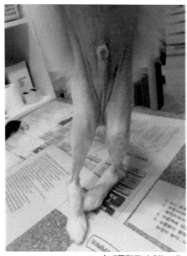
슬개골탈구가 있는 개

고관절탈구가 있는 개

4. 다리마비(Leg Paralysis)

다리마비는 뇌나 척수질환이 있는 동물에서 나타날 수 있는 증상으로 미용중 척추조작시에 증상이 더 심해질수 있으므로 주의하고 증상이 나타나면 미용을 중지하고 바로 보호자한테 연락을 해서 알려주는게 좋습니다. 특히 미용중 협조를 하지 않는 개들을 강하게 보정하면서 미용했을 경우에도 잠복되있던 추간판탈출증, 환축추불안정등과 같은 척수질환으로 다리마비 등의 증상이 나타날 수 있습니다.

추간판탈출증으로 양측 후지가 마비된 개

환축추불안정으로 머리를 들지 못하는 개

5. 사나운 동물(Aggressive Animals)

미용중 물거나 사납게 긁는 동물은 미용전에 혼합백신, 광견병이나 외부기생충예방등이 잘되어 있어야 합니다. 미용중 손상을 입게 되면 인수공통감염병에 노출될수 있기 때문입니다. 물림, 긁힘에 의한 손상을 막기위해서 발톱을 먼저 깍거나 미용중 입마개나 넥칼라 착용도 필요할수 있습니다. 입마개를 착용해도 풀거나 입마개 착용이 힘든 아이들은 동물병원에서 진정제 투여 후 미용을 하는게 좋습니다.

사나운 동물들

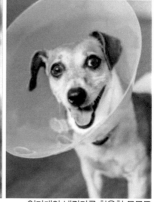

입마개와 넥칼라를 착용한 동물들

6. 피부 출혈(Skin Hemorrage)

피부에 점상이나 반상출혈이 있는 동물은 지혈계통에 문제가 있을수 있으므로 미용시 주의해서 동물을 다루는게 좋고 발견즉시 보호자한테 연락을 취해서 알려주는게 컴플레인을 줄일수 있는 방법입니다. 잠복되있던 지혈관련 질환이 미용 스트레스로 인해 미용후에 나타나는 경우도 종종 있습니다. 점상 및 반상출혈의 원인으로는 면역매개성 혈소판감소증이 가장 흔하고 진드기 매개질환인 바베시아나 에를리키아증에서도 나타날 수 있습니다.

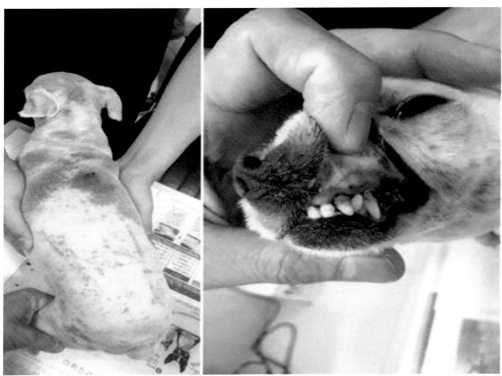

면역매개성 혈소판감소증이 있는 개(점상출혈 및 반상출혈)

7장.
미용중 응급상황 대처법

1. 출혈(Bleeding)

미용중 가위나 클러퍼에 의한 상처로 귀, 혀, 코(머즐)에 상처가 날 경우 지혈이 빨리 안되는 경우가 있습니다. 혀에 상처가 있을 경우에는 혀를 낼름거릴 경우 지혈이 더 안되므로 혀를 입안으로 집어넣고 5분정도 주둥이를 살짝 잡아서 혀가 움직이지 않게 해주는게 좋습니다. 단 코가 막히면 숨쉬기 어려우므로 주둥이를 살짝 잡아줘야 합니다. 코에 상처가 난 경우에도 상처부위를 멸균거즈나 화장지등으로 5분정도 눌러줍니다. 귀에 상처가 난 경우는 거즈로 압박지혈을 하거나 탄력붕대로 머리주위로 귀를 감아줍니다. 혀나 코에 발톱지혈제를 바르는 것은 좋지 않습니다. 작은 혈관들은 보통 5분 정도면 지혈이 됩니다. 이런 처치에도 지혈이 되지 않을 경우에는 압박한 상태에서 병원으로 데려가야 합니다.

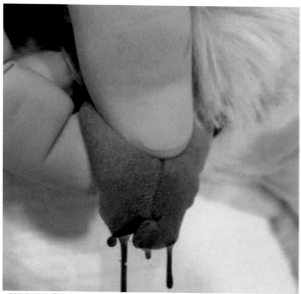

가위에 베여 출혈이 있는 혀

2. 안구 돌출(Proptosis)

페키니즈와 같은 단두종이나 안구가 큰개에서 미용중 눈주위 보정시 안구돌출이 발생할수 있습니다. 안구
돌출은 시신경이 인장되고 포도막염과 각막노출이 병발되므로 시력을 직접적으로 위협할 수 있습니다. 경
미한 안구돌출은 안검을 당기면서 안구를 안으로 밀면 원위치 시킬수 있습니다. 심하게 안구돌출이 발생
한 경우나 안구 원위치가 어려운 경우에는 바로 동물병원으로 데려가서 처치를 받는게 좋습니다. 15~30
분 이상 시간이 지체될 경우 시신경 압박으로 실명될수 있으므로 주의해야 합니다.

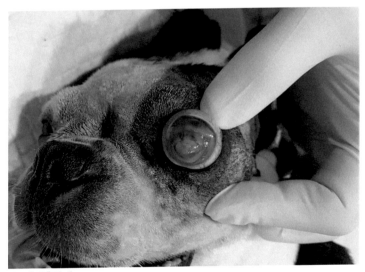

안구가 돌출된 개

3. 각막 화학화상(Corneal Chemical Burn)

목욕을 시킬 때 샴프가 동물의 각막에 닿게 되면 화학화상이 생길수 있습니다. 각막은 산성에는 저항성이 있지만 알카리에는 약하기 때문입니다. 각막은 시신경 분포가 많은 곳이기 때문에 통증에 매우 민감합니다. 목욕후 눈을 잘 못뜨거나 충혈이 있는 경우에는 각막 화학화상을 입었을수 있기 때문에 눈을 식염수나 수돗물로 여러번 씻어준다. 그 이후에도 눈을 잘 못뜨거나 각막이 뿌옇거나 할 경우에는 동물병원에서 치료를 받는게 좋습니다.

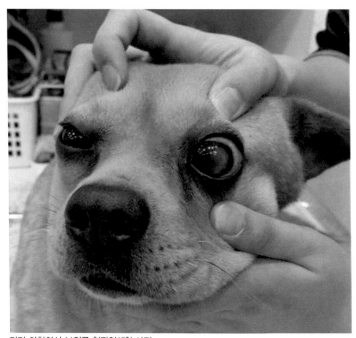

각막 화학화상 부위를 형광염색한 사진

4. 경련(Convulsion)

경련은 뇌신경의 과도한 흥분에 의해 나타나는 증상으로 뇌,간이상이나 대사성질환, 특발성 간질등에서 나타날 수 있습니다.

경련의 흔한 원인과 경련의 증상	
경련의 흔한 원인	경련의 증상
특발성 간질 저혈당, 저칼슘혈증 간성 경련 홍역 중독(초콜릿, 카페인, 살충제등) 뇌종양, 뇌염증 열사병 외상 기생충	사지가 뻣뻣해짐 근육 연축 껌 씹는 동작 입에 거품을 물고 침을 흘림 과도한 헐떡임 눈동자가 돌아가고 사지로 페달링 허탈, 의식소실

● 경련시 대처법 ●

1) 동물이 다치지 않도록 안전한 장소로 옮겨준다.

2) 경련중에는 물릴수 있으므로 입에 손을 넣거나 만지지 않도록 한다.

3) 경련 지속시간을 체크한다.

4) 차분하게 안심시키는 말을 해준다.

5) 경련이 짧게 끝나면 보호자한테 연락해서 병원으로 이송한다.

6) 경련이 2분이상 지속되면 뇌부종등 합병증이 생길수 있으므로 보호자 에게 연락을 취해서 병원 으로 데려가도록 한다.

5. 기도폐쇄(Choke)

동물이 급하게 사료나 간식을 먹거나 이물을 삼켰을 때 기도가 폐쇄되는 경우가 발생할 수 있다. 이럴 경우에는 다음과 같이 조치한다.

개의 하임리히법(Heimlich Maneuver for Dogs)

기도폐쇄시 응급조치 (하임리히법)
1. 소형견은 뒷다리를 위로 들고 털어준다.
2. 입을 벌려서 이물이 보일 경우에는 제거해준다.(의식이 있을 경우에는 물리지 않게 주의한다.)
3. 중대형견은 선채로 주먹쥔 손을 다른 손으로 감싸고 복부를 위쪽으로 몇차례 압박한다.
4. 중대형견에서 복부압박후에도 이물이 안나오면 어깨사이를 손바닥으로 여러차례 두드려준다.

6. 심장마비(Cardiac Arrest)

미용중에 심장질환이 있는 강아지나 겁이 많은 강아지들은 심장마비가 오는 경우가 있습니다. 심장마비가 오게되면 소리를 지르면서 대,소변을 누는 경우가 많고 청색증이 오면서 움직임이 없게 됩니다. 4분안에 심장마사지를 하지 않으면 소생하기 어렵기 때문에 병원에 가는 것 보다는 그 자리에서 바로 심폐소생술을 실시하는게 좋습니다. 동물이 심장박동은 있으나 숨을 쉬지 않는다면 입을 벌려 기도가 막혀있는지 확인합니다. 기도를 이물이 막고 있다면 제거합니다. 이물을 제거하고 15Kg이하의 개는 분당 10~12회정도 속도로 입을 막고 코에 인공호흡을 합니다. 동물이 의식, 호흡, 맥박이 동시에 없을때는 다음과 같이 심폐소생술을 실시합니다.

심폐소생술(Cardiopulmonary Resuscitation, CPR)

다음 3가지 증상이 있을 때 실시 – 의식소실, 호흡소실, 맥박소실

1) 입을 벌려서 기도에 이물이 있으면 제거
2) 좌측흉벽이 위로가게 눕히고 바로 흉부압박 실시
3) 흉부압박시 소형견은 한손으로 중대형견(11Kg 이상)은 양손으로 실시
   흉강의 30~50%가 눌리도록 한다.
4) 흉부압박 부위는 개의 흉강모양에 따라 다르다.
- 소형견 및 대부분의 중,대형견 – 팔꿈치와 흉벽이 만나는 부위
- 흉강이 깊은 대형견(복서,도베르만등) – 흉벽의 높은부위
- 가슴이 납작한 개(프렌치불독등) – 사람처럼 누운자세로
5) 30회 흉부압박후(분당 80~120회) 2회 인공호흡 – 2분동안 반복실시
   인공호흡은 입을 손으로 감싸서 막고 코로 공기를 불어넣어 준다.(Mouth to Nose)
6) 2분후에 의식, 호흡, 맥박 확인후 없으면 5초이내 다시 흉부압박 실시
7) 10초 이상 쉬지 않고 20분동안 흉부압박과 인공호흡을 계속한다.
8) 의식, 호흡,맥박이 회복되면 동물병원으로 이송후 치료를 이어간다.
9) 병원에서 심장마비 회복율은 개는 4%, 고양이는 4~9.6% 정도이다.

다양한 흉부압박 테크닉 및 부위,자세

1. 10Kg이하의 소형견이나 고양이에서 하는 테크닉

A. 한손 테크닉 – 작은 소형견이나 작은 고양이

B. 양손 테크닉 – 큰 소형견이나 큰 고양이, 한손 테크닉이 힘들 때

A. 흉부압박 한손 테크닉

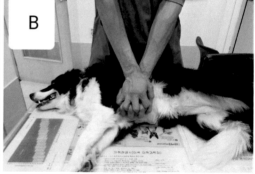

B. 흉부압박 양손 테크닉

2. 중,대형견에서 하는 테크닉

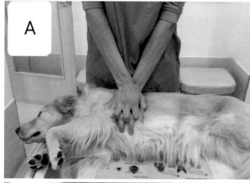

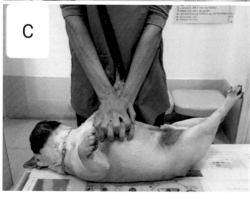

A. 대부분의 중,대형견에서 하는 흉부압박 테크닉
    – 흉벽의 높은 부위를 압박한다.

B. 흉강이 깊은 개에서 하는 흉부압박 테크닉
    (예, 복서, 도베르만, 그레이하운드등)
    – 팔꿈치가 흉벽에 닿는 부위를 압박한다.

C. 흉강이 원통형인 개에서 하는 흉부압박 테크닉
    (예 프렌치 불독, 잉글리쉬 불독 등)
    – 사람처럼 눕혀서 압박한다.

8장.
미용중 안전사고의 예 - 동물

1. 가위에 의한 혀 절상(혀 베임)
(Incised Tongue Wound byScissors)

입주위 가위질중 혀를 낼름거리는 개들을 미용시 주의하지 않으면 혀가 베일수 있다. 그런 개들은 혀를 넣은 상태에서 머즐을 살짝 잡고 가위질을 하는게 좋다. 혀베임 사고 발생시 출혈이 많지 않은 경우는 혀를 입에 넣고 5분정도 주둥이를 잡고 있으면 지혈이 되는 경우가 있고 출혈이 많은 경우는 놔두면 혀를 낼름거리면서 출혈이 심해질수 있으므로 혀를 입에 집어 넣고 탄력붕대로 입을 살짝 묶어준 상태로 동물병원으로 이동해서 봉합수술등의 조치를 받아야 한다.

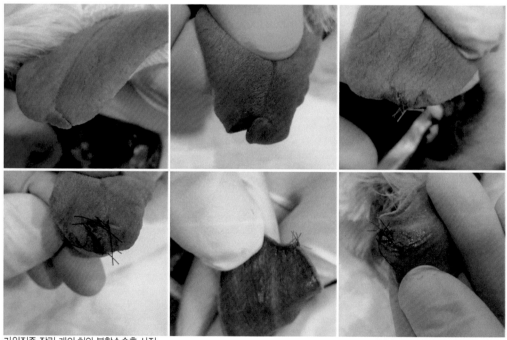

가위질중 잘린 개의 혀와 봉합수술후 사진

2. 클리퍼날에 의한 열상 및 화상
(Laceration and Burn by Clipper Blade)

클리퍼 날에 의한 열상은 클리퍼로 주름이 많이 부위를 미용할 때 주로 발생한다. 열상을 방지하기 위해서는 주름이 많은부위(목, 겨드랑이, 서혜부, 항문, 지간등)를 클리핑 할때는 주름을 펴고 조심해서 하고 이런 부위는 되도록 작은 날로 클리핑을 하면 상처크기도 줄일 수 있다. 클리퍼날에 의한 화상은 오랜 시간 동안 하나의 날로 계속 미용을 할 때 발생할 수 있다. 이를 방지하기 위해서는 클리핑을 하면서 날이 뜨거워지는지 수시로 확인하고 뜨거울 경우 다른 날로 교체하거나 냉각제로 날을 식혀가면서 하는게 좋다. 여분의 날이 없을 경우에는 여러 부위를 돌아가면서 다른 날을 사용하면 날이 식혀지도록 시간을 벌 수 있다.

  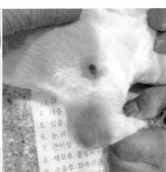

클리퍼날에 의한 열상

※더운 환경에서는 클리퍼날이
 더 빨리 뜨거워 지므로 더 주의한다.

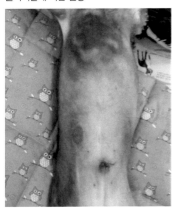

배쪽에 화상을 입은 피부

3. 귓바퀴 출혈(Pinna Hemorrhage)

귀가 안좋거나 예민한 아이들이 귀청소나 귀털 제모후 귀를 털면 귓바퀴 끝에 출혈이 발생할수 있다. 귀에 예민한 개들은 귀털을 뽑지 않거나 조금만 뽑는게 좋고 귀가 많이 안좋은 아이들은 미용후 동물병원에서 귀치료를 받도록 하는게 좋다

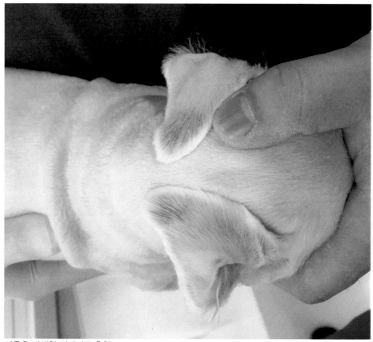

미용후 발생한 귓바퀴끝 출혈

4. 낙상에 의한 다리 골절(Leg Fracture by Falling)

미용테이블에서 낙상에 의해서 골절이 생기는 경우가 있다. 미용테이블에 동물을 올려 놓았을때는 항상 주의깊게 관찰하고 뛰어 내림을 방지하기 위해서 테이블 고정암을 사용하여 안전하게 미용할 수 있다. 골절된 다리로는 체중을 지지하지 못하고 통증이 심하므로 만지다가 물릴수 있으므로 주의한다.

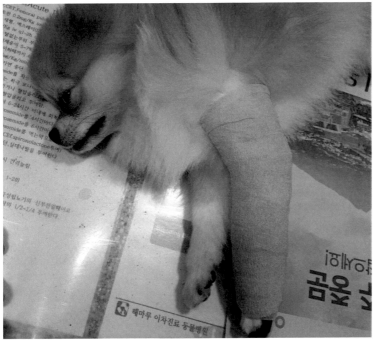

다리가 골절되 깁스한 모습

5. 낙상에 의한 목졸림 사고(Choke by Falling)

미용테이블에서 목줄을 매놓은 상태에서 동물이 뛰어 내리면 목졸림 사고가 발생할 수 있고 매우 위험하므로 목줄보다는 가슴쪽에 줄을 매거나 테이블고정암을 사용하면 이러한 사고를 줄일수 있다.

테이블 고정암

6. 결막 충혈 및 결막하 출혈
(Conjunctival Hyperemia & Subconjunctival Hemorrhage)

결막충혈은 미용에 협조를 안하거나 흥분을 심하게 하는 개들에서 일시적으로 나타날 수 있다. 결막출혈은 외상이 있거나 흥분에 의해 혈압이 올라갈 때 작은 혈관등이 터지면서 발생할 수 있다. 결막충혈이나 결막출혈은 미용과 상관없이 다른 눈질환에 의해서도 발생할 수 있으므로 유의한다.

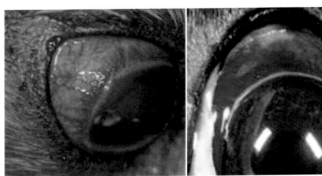

결막 충혈   결막하 출혈

결막충혈의 흔한 원인	결막염, 각막염, 각막궤양, 녹내장, 포도막염, 안내염, 목정맥 압박등
결막하 출혈의 흔한 원인	외상, 목정맥 압박, 혈관염, 전신 고혈압, 응고장애등

7. 폐출혈(Pulmonary Hemorrhage)

외상이나 교통사고등으로 주로 발생하고 미용중 협조하지 않는 어린 동물을 과도하게 힘으로 보정시 발생할 수 있다. 폐출혈이 발생시 호흡이 원활하지 않고 호흡곤란이 나타날 수 있으므로 미용을 중단하고 동물병원에서 치료를 받는게 좋다.

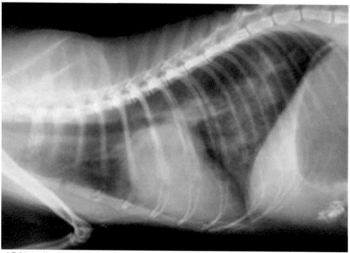

폐출혈이 있는 동물의 엑스레이

8. 미용샵에서 탈출(Escape from Pet Shop)

안전문이 없거나 안전문이 열려있거나 높이가 낮을때 발생이 가능하고 특히 대기실에 개가 풀려져 있다
가 출입문이 열릴 때 잘 발생한다. 되도록 대기실에는 개를 풀어놓지 않고 케이지등에 넣어놓거나 안전한
장소에 풀어 놓는다. 만약 개가 밖으로 탈출했는데 멀리가지 않을 경우에는 간식등으로 유인을 해서 잡을
수도 있지만 멀리 도망가는 경우에는 교통사고의 위험이 있다. 간혹 집이 샵에서 가까울 경우에는 탈출한
동물이 집에 가서 기다리는 있는 경우도 있을 수 있다.

9. 교상(Bite Wound)

교상은 동물에 물리는 사고를 말하는데 동물들끼리만 있을때는 교상같은 사고가 간혹 발생하므로 주의를 해야한다. 특히 크기가 많이 차이 나는 동물을 함께 풀어놓을 경우에는 교상으로 심각한 손상을 입을수 있으므로 더욱 주의해야 한다. 개는 물고 흔드는 습성이 있으므로 교상으로 피부뿐만 아니라 근육이나 내부 장기도 심하게 손상되는 경우가 많다. 그러므로 외부상처만으로 교상을 과소평가하거나 치료를 지체하지 않는게 좋다. 고양이에 의한 교상은 흔히 농양을 일으킨다. 고양이에게 물리면 몇일후에 열이 나고 물린 부위가 붓거나 발적이 나타나고 식욕이나 활력이 떨어지게 된다.

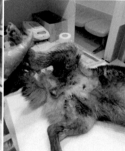

교상으로 상처를 입은 개

교상으로 농양이 생긴 고양이

10. 원치않는 교배(Unwanted Coitus)

미용샵에 발정중인 암컷과 수컷이 있을 때는 교배의 위험이 있으므로 주의해야 한다. 동물의 크기가 차이가 나더라도 교배의 가능성을 배제할 수 없다. 실제 교배가 되었을 경우에는 강제로 떼어내려고 하다가 개한테 물리거나 생식기에 손상을 입힐 수 있으므로 사후에 동물병원에서 피임 조치를 취하는게 좋다.

교배 1단계   교배 2단계

9장.
미용중 안전사고의 예 - 사람

1. 동물에 의한 교상 및 할큄
(Bite Wound and Scratch by Animals)

교상은 물려서 생긴 상처를 말하며 상처 부위를 통해 화농균이나 혐기성 세균에 감염되어 염증이 생길 수 있다. 교상 부위를 통해 파상풍이나 광견병 등의 감염성 질환에 노출될 가능성도 있다. 고양이에게 교상 또는 긁힌 상처로 만성적으로 림프절 부종이 나타날 수도 있다. 동물에 의한 교상으로 상처가 생긴 경우 동물의 예방접종(특히, 광견병) 기록을 확인하는게 좋다. 만약, 광견병으로 의심이 되는 동물에게 물렸다면 동물 병원, 각 시도 축산 위생 연구소 및 농림축산검역본부에 신고해야 한다. 광견병은 개의 타액을 통해 감염되며 광견병이 의심되는 개의 경우에는 약 10일 동안 격리 보호 관찰하여 광견병 발병 여부를 확인해야 한다.

교상 및 할큄시 대처법
1. 상처를 수돗물이나 비누로 10분간 씻는다.
2. 깨끗한 천으로 출혈부위를 누른다.
3. 항생제연고가 있으면 상처에 바른다.
4. 멸균거즈등으로 상처를 감싼다.
5. 상처가 크면 붕대로 감고 병원에 간다.
6. 매일 몇 번씩 소독하고 붕대를 교환한다.
7. 감염증상(발적, 부종, 열,통증)이 심해지는지 관찰하고 의사와 상담한다.

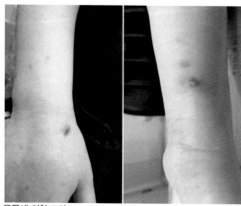

동물에 의한 교상

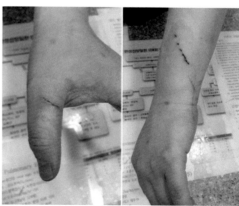

동물에 의한 할큄

2. 동물에 의한 전염성 질환
(Infectious Disease by Animals)

동물로 인한 전염성 질환은 종류가 다양하고, 작업자 개인이 대처하기 어려운 부분이 있다. 면역이 약한 사람은 더 증상이 심하게 나타날 수 있으므로 더 주의를 해야 한다.

미용중 동물에 의한 전염성 질환의 대표적인 예
– 교상, 할큄, 접촉에 의한 광견병, 파상풍, 바토넬라증, 백선증, 개선충증 – 동물의 배설물로 인한 회충, 지알디아, 캠필로박터, 살모넬라, 대장균 등에 의한 소화기 질환이 나타날 수 있다

* 앞서 몇가지 질환에 대해서는 인수공통질병 항목에서 다루었으므로 다루지 않은 질환에 대해서만 설명하겠습니다.

1) 파상풍(Tetanus)

파상풍은 상처 부위에서 증식한 파상풍균(Clostridium tetani)이 번식과 함께 생산해내는 신경독소가 신경세포에 작용하여 근육의 경련성 마비와 동통(몸이 쑤시고 아픔)을 동반한 근육수축을 일으키는 감염성 질환이다. 파상풍균은 흙이나 동물의 위장관에 존재한다. 파상풍균은 공기를 싫어하는 혐기성 균이므로 1Cm이상의 깊은 상처에서 주로 감염이 됩니다. 주로 흙이 묻은 못 등에 찔려서 감염되나 교상에 의해서도 감염될 수 있다. 감염증상은 근육수축,마비, 발열, 오한이 나타나고 치료는 파상풍 면역 글로 불린이나 항독소를 정맥 주사하여 독소를 중화한다. 항생제를 투여하여 균을 제거한다.

2) 지알디아 감염증(Giardiasis)

지알디아는 소장과 대장에 사는 원충의 한 종류인 편모충으로 오염된 물을 섭취함으로써 감염될 수 있다. 감염된 동물의 분변으로 편모충이 배출되므로 분변과의 접촉을 통해 사람도 감염될 수 있다. 증상은 설사나 점액변, 혈변이 나타날 수 있다. 진단은 분변검사나 키트검사로 가능하고 치료는 잘되는 편이나 재감염이 잘된다. 무증상감염도 흔하므로 년 1~2회정도 주기적으로 동물에서 검사를 하는게 좋다.

3) 캠필로박터 감염증(Campylobacteriosis)

캠필로박터는 장염을 일으키는 세균의 일종으로 건강한 개와 고양이의 장에서도 관찰된다. 증상은 점액, 혈액성 설사, 식욕부진, 발열등이다. 동물의 분변이나 오염된 물건과의 접촉으로 사람도 감염될 수 있다. 분변도말 세포검사에서 발견될수 있지만 유전자검사가 더 정확하다. 항생제로 치료가 가능하나 집단적인 환경에서는 재감염 될 가능성이 크다.

4) 살모넬라증(Salmonellosis)

살모넬라는 동물에서 급성 또는 만성의 설사, 패혈증, 급사를 유발할 수 있는 세균이며 건강한 개의 장에서도 흔하게 발견된다. 이 미생물은 개나 고양이 분변뿐만 아니라 가금류나 계란류등의 식품에서도 기원한다. 날것의 육류를 먹는 개에서 감염의 위험이 증가할 수 있다. 어린 동물에서는 파보바이러스성 장염처럼 심한 백혈구감소증이 나타날 수 있다. 개 고양이에서 사람으로의 전파위험은 낮지만 가능한 걸로 생각된다. 분변을 통한 유전자검사로 진단할수 있다. 치료는 수액요법이나 비스테로이드성 약물, 항생제, 혈장요법으로 한다.

5) 대장균 감염증(E. coli Infection)

대장균중에서도 장출혈성 대장균은 개와 고양이의 구토, 설사와 관련될 수 있다. 사람도 개, 고양이의 분변을 통해 감염될수 있고 비슷한 증상을 보일 수 있다. 치료는 항생제로 실시한다.

6장

3. 화상(Burn)

반려견 스타일리스트는 작업 중에 열, 전기 기구, 또는 화학 제품 사용중에 피부 또는 다른 조직이 손상을 입는 화상의 위험이 있습니다.

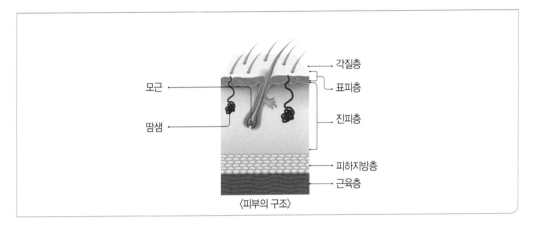

〈피부의 구조〉

	피부의 손상 정도에 따른 화상 분류
1도 화상	피부의 표피층에만 손상이 있으며 손상 부위는 발적이 나타나며, 수포는 생기지 않고, 3 ~ 6일안에 반흔(흉터) 없이 치유된다.
2도 화상	피부의 진피층까지 손상이 있으므로 부분층화상이라고도 한다. 손상 부위는 종종 수포(물집)와 통증이 나타나며, 흉터가 남을 수 있다. 수포를 제거하면 감염이 생길수 있으므로 제거하지 말고 병원에 간다. 2도화상은 표재성과 심재성으로 나눌수 있다. 표재성 2도 화상의 경우 감염이 없을 때 10~14일 이내 치유가 됩니다. 심재성 2도 화상의 경우 통증을 느끼지 못하고, 압력만 느끼는 상태가 됩니다. 심재성 2도 화상은 적절한 치료를 받으면 3~5주 이내로 치유되지만, 감염이 되면 3도 화상으로 이행하므로 주의를 요하며, 이 경우 심한 흉터가 남을 수 있습니다. 대개 표재성 화상의 경우 압력을 가하면 화상을 입은 부위가 창백해지는 것에 반하여, 심재성 화상의 경우는 압력을 가해도 창백해지지 않는다.

3도 화상	피부의 전체 층(표피, 진피, 피하지방층)에 손상이 있으므로 전층화상이라고도 한다. 창상부위의 조직괴사가 심해 부종이 심한 편이지만 오히려 통증은 별로 없습니다. 통증을 전달해야 하는 신경말단이 파괴되었기 때문입니다. 한편 괴사된 피부는 죽은 조직 (가피, scar)를 형성하는데, 2~3주가 지나면 가피가 녹아 내리며 탈락되고 육아조직이 생깁니다. 때로는 두꺼운 가피 밑으로 감염이 되기도 하므로 주의해야 합니다. 전층화상은 가피를 제거하고 피부이식을 하지 않으면 완전히 치유되지 않는다.
4도 화상	피부 전체 층과 그 밑의 근육, 인대, 피부색이 변하고, 또는 뼈까지 손상이 있으며, 피부가 검게 변한다.

손상깊이에 따른 화상의 분류

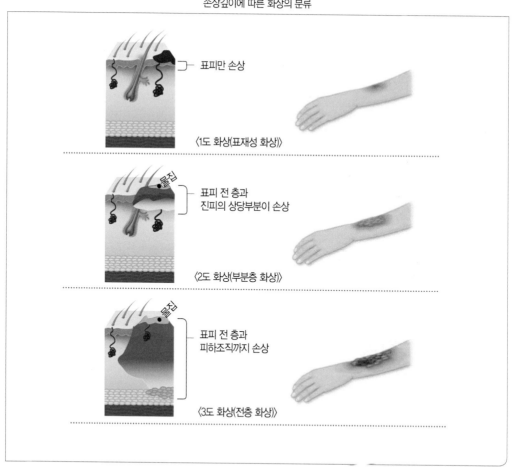

4. 미용도구에 의한 상처
(Wound by Grooming Tools)

작업자는 동물의 돌발 행동 또는 예측할 수 없는 상황으로 작업하는 미용 도구에 상처를 입을 수 있다. 상처를 입었을 경우에는 수돗물에 깨끗하게 씻어주고 항생제 연고를 바르고 붕대를 감아준다. 상처가 깊거나 클 경우에는 파상풍 위험도 있으므로 병원에서 치료를 받는다.

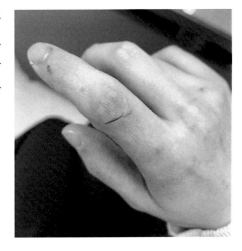

10장.
미용중 안전사고 예방을 위한
장비 및 도구 사용법

※장비 및 도구의 종류
1. 안전문(Safety Gate)
2. 울타리(Fence)
3. 이동장(Carrier, Crate)
4. 케이지(Cage)
5. 테이블 고정암(Grooming Arm)
6. 엘리자베스 칼라(Elizabethan Collar)
7. 입마개(Muzzle)

1. 안전문(Safety Gate)

미용샵안에서 동물의 탈출을 막기위해서 사용하는 장비이다. 동물들이 미용샵에 오게되면 불안을 느끼게 되어 탈출하려는 욕구가 있으므로 주의해야 한다. 안전문은 개들이 뛰어 넘지 못하고 힘으로 열지 못해야 한다. 오줌에 삭지 않고 청소하기 용이한 재질이 좋다. 고객들이 안전문을 잘 닫을 수 있도록 표지를 해놓는게 좋다. 안전문은 다음 사진과 같은 여러 가지 종류가 있다.

다양한 종류의 안전문

2. 울타리(Fence)

울타리는 미용샵에서 미용전과 후에 대기하기 위한 용도로 사용한다. 이동장이나 케이지보다는 넓고 바닥이 불편하지 않으므로 동물이 대기할때 스트레스를 덜 받는다. 울타리는 다른 동물하고 같이 있는 경우가 많아서 서로 싸우거나 병이 전염되지 않게 주의한다. 또한 낮은 울타리는 동물이 뛰어 넘는 경우가 있으므로 적절한 크기의 울타리를 사용한다. 울타리는 다음과 같이 종류가 다양하다.

다양한 종류의 울타리

3. 이동장(Carrier, Crate)

이동장은 동물을 다른 장소로 안전하게 이동하기 위해서 사용하는 도구이다. 천으로 된 이동장과 플라스틱으로 된 이동장이 있다. 천으로 된 이동장은 가벼지만 약하고 플라스틱 이동장은 튼튼하지만 무겁다. 동물을 넣고 꺼내기 쉬운 이동장이 좋다. 오랜 시간동안 이동시에 사용할 이동장의 크기는 개가 기지개를 펼수 있을 정도는 되어야 한다. 동물은 새로운 장소로 이동시 불안과 흥분상태가 될수 있는데 이동장은 이를 완화시킬 수 있다. 이런 효과를 높이기 위해서는 평소에 이동장을 좋아하는 교육을 시켜야 한다. 이것을 크레이트 트레이닝(Crate Training)이라고 한다. 이 훈련이 잘되면 이동장을 이용해 다른장소로 이동할 때 불안과 스트레스를 줄여줄 수 있다.

다양한 종류의 이동장

4. 케이지(Cage)

케이지는 동물을 안전하게 보관하기 위해서 사용하는 철장, 스텐장, 유리장 등을 말한다. 바닥이 철장으로 되어 있으면 발에 부담을 줄수 있으므로 담요나 패드등을 바닥에 깔아주면 스트레스를 줄여줄 수 있다. 좁은 케이지에는 오랫동안 가둬놓으면 동물들이 움직이지 못해서 스트레스를 받으므로 자주 풀어주는게 좋다. 다른 동물과 분리해야 될 경우에 잠깐씩 사용하는걸 추천한다.

다양한 종류의 케이지들

5. 테이블 고정암

테이블 고정암은 동물을 테이블에서 안전하고 효율적으로 미용하기 위해서 사용하는 장비이다. 낙상에 의한 외상이나 목졸림을 예방하는데 도움이 된다. 미용시 주저앉는 개들을 선자세로 유지하게 도와준다.

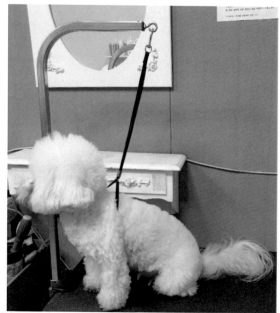

테이블 고정암(낙상시 목졸림을 막기위해서 가슴에 고정함)

6. 엘리자베스 칼라(Elizabethan Collar)

원래는 동물이 상처부위를 핥거나 긁는걸 방지하기 위한 도구이다. 미용중에 동물이 무는걸 막기위해서 사용할 수 있다. 또한 미용후에 동물이 눈,귀부분등을 긁어서 상처나는걸 방지하기 위해서 착용시킬수 있다. 넥칼라는 입부분이 나오지 않을 정도의 적절한 크기를 사용해야 효과가 좋다. 목부위는 손가락이 두개정도 들어갈 정도로 조여준다. 넥칼라를 오랫동안 사용해야 할 경우에는 통풍이 잘 안되어 넥칼라 안쪽이 습해져서 눈병이나 귓병, 피부염이 생길수 있으므로 하루 1~2회 정도는 통풍을 시켜주고 눈,귀등을 청결하게 해주는게 좋다. 넥칼라의 종류에는 플라스틱, 천, 쿠션형, 튜브형등 다양한 종류가 있다. 종류마다 장단점이 있으므로 목적과 용도에 맞게 사용하면 된다.

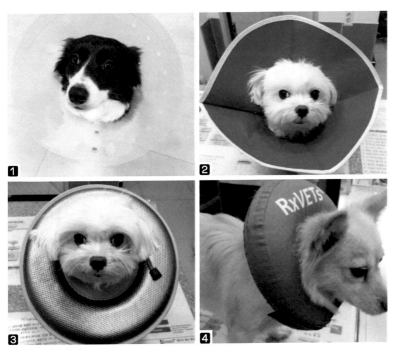

다양한 넥칼라의 종류
1. 플라스틱형 2. 페브릭형 3. 원반형 4. 튜브형

7. 입마개(Muzzle)

동물이 사람을 물지 못하게 하기 위해서 사용하는 도구이다. 다양한 종류의 입마개가 있다. 천, 플라스틱, 실리콘, 가죽, 철로 된 재질등이 있다. 입마개는 입크기에 맞는 사이즈를 사용해야 한다. 너무 작은 것은 숨쉬기가 힘들 수 있고 너무 큰 것은 눈을 자극하거나 쉽게 벗겨진다. 입마개의 잠금부위는 동물이 풀수 없도록 귀뒤쪽에 오도록 착용시키고 손가락이 두 개 정도 들어갈 정도로 여유를 두고 고정한다. 입마개는 동물이 억압된 상태이다. 동물은 땀샘이 없어서 입을 벌려 헥헥거림(panting)으로 체온을 조절하므로 지나치게 오랜 시간동안 입마개를 착용시키지 않도록 한다. 많이 헥헥거리거나 더운 환경에서는 입마개를 추천하지 않고 넥칼라를 사용하는게 낫다. 단두종이나 호흡기질환이나 심장질환이 있는 동물은 입마개사용시 더욱 주의해야 한다.

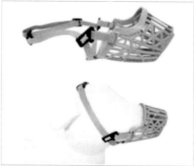

다양한 종류의 입마개

11장.
미용샵 위생관리

1. 소독과 멸균(Disinfection and Sterilization)

- 소독(Disinfection)은 질병의 감염이나 전염을 예방하기 위해 아포를 제외한 대부분의 유해한 미생물을 파괴하거나 불활성화시키는 것을 말한다.
- 소독은 비병원성 미생물을 파괴하지 않으므로, 모든 미생물을 사멸시키 는 것은 아니다.
- 이와 비슷한 개념으로 멸균(sterilization)은 아포를 포함한 모든 미생물 을 사멸하는 것을 의미한다.
- 소독은 일반적인 오염 물질들을 제거하기 위해 사용되고, 멸균은 식품 보존이나 의약품 및 수술 도구에 주로 사용된다.

2. 소독방법(Disinfection Methods)

1) **화학적 소독** – 특정 화학 제품을 사용하여 소독하는 것을 말하며 동물에 위해하지 않은 화학적 소독제 중 알맞은 소독제를 사용하여 소독한다.

2) **자비 소독** – 100℃의 끓는 물에 소독 대상을 넣어 소독하는 것으로 100℃ 이상으로 는 올라가지 않으므로 미생물 전부를 사멸시키는 것은 불가능하여 아포와 일부 바이러스에는 효과가 없다. 소독 방법은 100℃에서 10~30분 정도 충분히 끓이는 것이다. 의류, 금속 제품, 유리 제품 등에 적당하고, 금속 제품은 탄산나트륨 1~2%를 추가하면 녹스는 것을 방지할 수 있다.

3) **일광 소독** – 직사광선에 노출함으로써 소독하는 것을 말하며 가장 간단한 소독법이나, 두께가 두꺼운 경우에는 소독이 깊은 부분까지 미치지 않는 단점이 있다. 또 계절, 기후, 환경에 영향을 받기 때문에 효과가 일정하지 않다. 소독 방법은 소독 대상을 맑은 날 오전 10시~오후 2시 사이에 직사광선에 충분히 노출시킨다. 작업장에서 사용하는 수 건 및 의류의 소독에 적합하다.

4) **자외선 소독** – 2,500~2,650Å의 자외선을 조사하여 멸균하는 방법 소독 대상의 변화가 거의 없고, 균에 내성이 생기지 않는다. 소독 방법 은 소독 대상을 자외선 소독기에 넣고, 10cm 내의 거리에서는 1~2분 동안, 50cm 내의 거리에서는 10분 정도 노출시킨다.

5) **고압 증기 멸균법** – 포화된 고압 증기 형태의 습열을 이용하여 아포를 포함한 모든 미생물을 사멸시키는 것이다. 소독 방법은 고압 증기 멸균기(autoclave)을 사용하여 소독 대상을 물기가 없이 닦고, 증기가 침투하기 쉽게 기구의 뚜껑은 열어 놓고 천 또는 알루미늄포일로 싼 후, 보통 15파운드의 수증기압과 121℃에서 15~20분간 소독한다. 습열에 약한 대상에는 사용하지 않는 다. 금속날은 무뎌질수 있다. 병원에서 주로 사용하는 소독법이다.

자외선 소독기   고압증기멸균기

3. 화학적 소독제의 종류 및 사용법
(Types and Usage of Chemical Disinfectants)

계면 활성제(Surfactant)

• 계면 활성제는 분자 안에 친수성기와 소수성기를 모두 가지고 있어, 물과 기름 모두에 잘녹는 특징이 있다.

• 계면 활성제의 종류에는 비누나 샴푸, 세제 등과 같은 음이온 계면 활성제, 4급 암모늄(역성 비누)과 같은 살균, 소독용으로 사용되는 양이온 계면 활성제 등이 있다.

• 양이온 계면 활성제는 대부분의 세균, 진균, 바이러스를 불활성시키지만, 녹농균, 결핵균, 아포에는 효과가 없다.

• 일반적으로 손, 피부 점막, 식기, 금속 기구와 식품 등을 소독할 때 사용한다.

4급 암모늄(양이온 계면 활성제)

• 제품의 설명서에 명시된 희석 배율로 희석한 후, 분무하거나 일정 시간 소독제 안에 담가 소독한다.

• 양이온 계면 활성제는 최근 분무형태로 흡입시 호흡기에 독성이 있는 것으로 나타나 분무보다는 희석액에 담가서 소독하는 방법을 권장한다.

• 미용샵에서 클리퍼나 가위를 소독할 때 유용하게 쓸수 있다.

과산화물(Peroxide)

과산화물계 소독제는 과산화수소, 과산화초산 등을 포함하며, 산화력으로 살균 소독을 하고, 산소와 물로 분해되어 잔류물이 남지 않는다. 자극성과 부식성을 나타내는 단점이 있다. 주로 2.5~3.5%의 농도로 사용한다. 상처가 지저분하거나 출혈로 얼룩이 져있을 때 과산화수소수로 먼저 상처를 깨끗하게 해주고 다른 소독약으로 소독해주면 효과가 더 좋다.

과산화수소수

알코올(Alcohol)

알코올은 주로 에탄올을 사용하며, 알코올은 물과 70%로 희석하였을 때 넓은 범위의 소독력을 가진다.

소독용으로는 보통 60~80%를 사용하며 이 농도로 사용했을때가 100%농도보다 소독효과가 더 좋다. 세균, 결핵균, 바이러스, 진균을 불활성화시키지만, 아포에는 효과가 없다. 알코올은 손이나, 피부 및 미용기구 소독에 가장 적합하다. 그러나 가격이 비싸고, 고무나 플라스틱에 손상을 일으킬 수 있으며, 상처가 난 피부에 사용하면 매우 자극적이다. 또 인화성이 있어 화재의 위험성이 있으므로 보관할 때 주의해야

메탄올(소독용 사용금지)　에탄올(소독용)

한다. 사용 방법은 분무기에 넣어 분무 또는 솜 등에 적혀서 사용하거나 기구를 10분간 담가 소독한다.

★ 주의사항 ★

알코올중에는 연료나 고정액등으로 사용하는 메탄올이 있는데 메탄올은 섭취시 간에서 포름알데히드로 대사가 되는 독성물질이다. 섭취시에 실명될 위험이 있으므로 소독용으로는 절대 사용해서는 안된다.

클로르헥시딘(Chlorhexidine)

외과기계의 살균 및 수술 전 피부 소독에 사용되는 소독제이다. 환자의 피부와 의료 제공자의 손 두 곳에 사용이 가능하다. 상처를 깨끗이 하거나 치태를 예방하거나 아구창을 치료하거나 도뇨관이 막히지 않게 하기 위해서도 사용된다. 액체형태가 주로 사용된다. 부작용은 피부 가려움, 치아 탈색, 알레르기 반응을 포함할 수 있다. 눈에 직접 접촉하면 안구 문제를 일으킬 수 있다. 임신 중에 사용해도 안전한 것으로 보인다. 클로르헥시딘은 알코올, 물, 계면활성제와 혼합할 수 있다. 포자를 비활성화하지는 않지만

클로르헥시딘 소독제

어느 정도 범위의 미생물에는 효과적이다. 희석한 액에 담궈서 클리퍼나 가위의 소독에도 사용할 수 있다.

차아염소산나트륨(Sodium Hypochlorite)

차아염소산나트륨은 락스의 구성 성분으로 기구 소독, 바닥 청소, 세탁, 식기 세척 등 다양한 용도로 쓰인다. 개에서 전염성이 높은 파보, 디스템퍼, 인플루엔자, 코로나바이러스 등과 살모넬라균 등을 불활성화시킬 수 있고, 넓은 범위의 살균력을 가지며 피부사상균에 소독력 또한 좋다. 제품에 명시된 농도로 희석하여 용도에 맞게 사용한다. 사용 시에 독성을 띄는 염소가스가 발생(특유한 냄새의 원인)하기때문에 환기에 특히 신경을 써야 한다. 세제와 혼합해서 사용하거나 따뜻한물에 희석시 염

차아염소산나트륨

소가스가 더 많이 발생하므로 주의해야 한다. 점막, 눈, 피부에 자극성을 나타내며 금속에 부식을 일으킬 수 있기 때문에 기구 소독에 사용할 때에는 유의해야 한다. 의류에 탈색을 일으킬수 있으므로 주의한다.보관할 때에는 빛과 열에 분해되지 않도록 보관에 주의해야 한다.

★ 주의사항 ★
염소가스는 무거워서 바닥에 가라앉기 때문에 환풍기만으로 환기가 잘 안될 수 있으므로 문을 활짝 열어서 환기 시키는게 좋다.

페놀류(석탄산, Phenols)

페놀류는 거의 모든 세균을 불활성화시키고 살충 효과도 있지만, 바이러스나 아포에는 효과가 없다. 가격이 저렴하여 넓은 공간을 소독할 때 적합하며, 고온일수록 소독 효과가 크고 안정성이 강하여 오래 두어도 화학 변화가 없다. 유기물이 있는 표면에 사용해도 소독력이 감소하지 않는다. 하지만 점막, 눈, 피부에 자극성을 나타내고, 특히 고양이에서 독성을 나타내기 때문에 고양이가 있는 환경에서는 사용을 추천하지 않는다. 또 금속을 부식시키므로 배설물 소독 등의 한정된 용도로만 사용해야 한다. 기구나 배설물 소독에는 보통 3~5%의 농도로 사용한다

크레졸(Cresol)

크레졸의 독성은 페놀류와 같은 정도이지만, 소독 효과는 3~4배 더 좋다. 녹농균, 결핵균을 포함한 대부분의 세균을 불활성화시키지만, 아포나 바이러스에는 효과가 없다. 물에 잘 녹지 않으므로, 비누로 유화해서 보통 비눗물과 50%로 혼합한 크레졸 비누액으로 많이 사용한다. 기구나 배설물 소독에는 보통 3~5%의 농도로 사용한다. 하지만 냄새가 강한 편이고 금속을 부식시키며 원액은 피부에 손상을 일으키므로 주의해서 사용 해야 한다

12장.
미용후 컴플레인 예방수칙

미용 후 컴플레인 예방수칙

①	미용전 동물과 보호자의 성향을 잘 파악한다.
②	미용스타일은 사진등으로 보호자와 꼼꼼하게 상의한다. 스타일을 주관적인것보다는 객관적인 스타일로 표현하는게 좋다.
③	미용중 피부이상이나 기존 외상이 있는 경우는 사진이나 동영상을 찍어 두는게 좋다.
④	미용중 피부 상처가 나지 않게 주의한다. (특히 귀, 겨드랑이, 사타구니, 목, 지간, 발바닥, 뒷발목 주름부위)
⑤	미용중 상처가 났을때는 감염예방을 위해 핥지 않게 넥칼라를 착용한다
⑥	가급적 너무 짧게 미용하지 않는다. 너무 짧게 미용시 스트레스를 더 많이 받고 추위에 취약하다.
⑦	털이 엉킨 동물들은 상처가 날수 있음을 미리 고지한다.
⑧	협조하지 않고 많이 움직이는 아이들은 미리 고지하고 테이블암을 사용하거나 2인 1조로 미용한다.
⑨	미용에 추가비용이 있는 경우는 미리 고지한다. (털엉킴, 진드기감염, 곰팡이성 피부염등)
⑩	귀, 피부가 안좋은 동물들은 피부 트러블이 생길수 있음을 보호자한테 미리 고지하고 미용후 치료를 받게 안내한다.
⑪	미용중 과도하게 귓털을 뽑지 않는다.
⑫	목욕시 눈에 샴프가 들어가지 않게 주의한다.
⑬	관절질환이 있는 동물들은 질환이 악화될수 있음을 미리 고지하고 주의한다.
⑭	발정이 온 암캐는 가급적 미용을 미루고 다른 수컷과 교배하지 않도록 주의한다.
⑮	나이가 많거나 질환이 있는 동물은 스트레스로 인해 기저질환이 악화될수 있음을 보호자에게 설명하고 미용동의서를 작성한다

13장.
미용후 스트레스

미용 후 스트레스

미용 직후 반려동물은 추위를 많이 느낄 수 있으며, 민감성 체질로 인한 접촉성 피부염 증상이나 스트레스를 해소하기 위한 여러 가지 증상이 나타날수 있습니다. 이는 갑자기 짧아진 털과 스트레스로 인한 일시적인 반응으로 대부분 일주일정도 경과하면 안정되지만, 아래와 같은 증상이 지속되는 경우 반드시 수의사와 상담한다.

1. 몸을 많이 털고 얼굴을 바닥에 비빈다.
2. 하품을 많이 하거나 침을 흘린다.
3. 낑낑거리거나 짖는다.
4. 많이 헐떡거린다.
5. 특정부위를 지속적으로 핥거나 긁는다.
6. 피부에 발적이나 염증이 생긴다.
7. 항문을 바닥에 끌고 다닌다.
8. 구석이나 어두운곳에 숨어서 나오지 않는다.
9. 꼬리를 감추거나 물려고 빙빙돈다.
10. 눈치를 보고 몸을 떨거나 활력이 저하된다.
11. 식욕이 줄거나 없다.
12. 구토나 설사를 한다.

★ 미용후 반려동물의 스트레스 줄여주는 방법 ★
1. 미용후 반려동물에게 격려와 긍정적인 표현을 많이 해준다.
2. 미용후 추위예방을 위해 반려동물에게 옷을 입힌다.
3. 반려동물이 피부염이나 귓병이 있으면 바로 치료를 받는다.
4. 아로마테라피 – 라벤더같은 진정, 가려움증 억제 작용이 있는걸 사용
5. 유산균제제등과 같은 면역에 도움을 주는 보조제를 투여한다.
6. 미용후 일주일정도는 안락하게 해주고 환경변화를 최소화해서 스트레스를 받지 않게 한다.

반려동물 스타일리스트라면 알아야 할

실전

기초 수의학

Youpetbooks
유펫북스